# 住宅空间室内设计

刘雅培 编著

21世纪高职高专艺术设计规划教材

清华大学出版社

北 京

## 内 容 简 介

本书根据家装市场的流行趋势,结合室内设计原理对知识点进行深入剖析,全书理论结合实际案例,从内容上细分为十章,对室内设计风格、家具与陈设、人体工程学、室内界面、施工工艺与装饰材料、室内色彩、采光与照明、室内各个功能空间的设计、施工流程等内容做了详细的介绍;附录部分展示了大量优秀的设计作品,读者学习后可以大大提高鉴赏能力和设计能力。

本书适合应用型本科和高职高专学生作为室内设计相关课程的教材,也可作为相关从业人员的参考书。

**图书在版编目(CIP)数据**

住宅空间室内设计/刘雅培编著. —北京:清华大学出版社,2018 (2023.7 重印 )
 (21 世纪高职高专艺术设计规划教材)
 ISBN 978-7-302-48765-4

Ⅰ. ①住… Ⅱ. ①刘… Ⅲ.①住宅-室内装饰设计-高等职业教育-教材 Ⅳ. ①TU241

中国版本图书馆 CIP 数据核字(2017)第 272229 号

责任编辑:张龙卿
封面设计:徐日强
责任校对:赵琳爽
责任印制:杨 艳

出版发行:清华大学出版社
　　　　网　　　址:http://www.tup.com.cn,http://www.wqbook.com
　　　　地　　　址:北京清华大学学研大厦 A 座　　　　邮　　编:100084
　　　　社 总 机:010-83470000　　　　　　　　　　邮　　购:010-62786544
　　　　投稿与读者服务:010-62776969,c-service@tup.tsinghua.edu.cn
　　　　质量反馈:010-62772015,zhiliang@tup.tsinghua.edu.cn
印 装 者:北京博海升彩色印刷有限公司
经　　销:全国新华书店
开　　本:210mm×285mm　　印　张:12.75　　字　数:371 千字
版　　次:2018 年 1 月第 1 版　　　　印　次:2023 年 7 月第 5 次印刷
定　　价:59.00 元

产品编号:073533-01

# 前　　言

随着人们物质生活水平的不断提高,对住宅质量的要求也在不断地提升。房地产与家装设计行业一直都处于平稳且上升的发展阶段,人人都需要装修住宅。所以作为未来的设计师,就要在室内设计方面打下深厚的专业基础。

本书详细介绍了室内设计的历史发展、设计元素、设计内容、施工流程等内容,用大量的案例为读者打开了一个全新的视野。

本书共分十章,是根据住宅空间室内设计教学特点编写的,以住宅空间设计的基础理论、住宅空间设计方法、真实项目设计为基本架构,并拟定了每个教学单元相应的教学目的与要求。本书前八章对室内设计的基础知识点,比如设计风格、人体工程学、室内界面、家具、陈设、设计色彩、施工材料、光照和绿化等做了详细的介绍;后两章在设计空间方法上对功能空间设计进行了分析,并按照公司设计文本要求与具体施工流程做了详细的介绍;另外附录部分展示了大量的真实案例的优秀设计作品,可以提高读者的鉴赏能力与方案设计能力。

本书适合本科、高职高专培养应用型设计人才的目标需求,突出教学的实用性、实践性和教学的规律性,提供科学合理的教学模式与方法。

本书内容全面,理论结合实践,接近专业市场的需求,所以还可以作为相关行业爱好者的自学辅导用书。

本书由福建华南女子职业学院艺术设计系教师刘雅培编写。由于时间仓促,本书中如有不足之处,还望广大读者批评指正!

编　者

2017年4月

住宅空间室内设计

# 目　录

住宅空间室内设计

住宅空间室内设计

**施工流程篇**

**案例鉴赏篇**

目录

# 基 础 知 识 篇

# 第一章 概 述

教学目的：通过理论知识的学习，要求学习者了解室内设计行业，加深对本专业的学习与研究。

教学要求：对室内设计的含义、原则、内容、依据、要求，设计师要达到的职业素质，今后的发展趋势等方面有一定的了解。

## 第一节 室内设计的概念

### 一、室内设计的含义

室内设计是建筑的延伸，需要根据建筑物的使用性质、所处环境和相应标准，运用物质技术手段和建筑美学原理，创造出功能合理、舒适优美、满足人们物质和精神生活需要的室内环境。这种空间环境既需要具有使用价值，满足相应的功能要求；同时也要反映其历史文脉、建筑风格、环境气氛等因素（见图1-1）。

### 二、室内设计的原则

#### 1. 功能为本

室内设计的目的是通过创造室内空间环境为人服务，其功能包括室内空间的安全、舒适、方便、卫生等使用上的因素。设计时首先要考虑的是不同房间的使用功能，包括各房间之间关系的布置、家具的布置、可通行区域、照明设计、环境尺度、通风设计、采光设计、设备安装、绿化布局等。现代室内设计需要满足人们的生理、心理等要求，需要综合处理人与环境、使用功能、经济效益、舒适美观、环境氛围等种种要求。因此，设计及实施的过程中会涉及人体工程学、装饰与施工材料、家具设备、电器设备、环境心理学、审美心理学等方面，应在对这些方面进行研究的基础上依据户主对住宅的要求与习惯、爱好而设计（见图1-2）。

图 1-1

户型平面方案

🐾 图　1-2

### 2．动态和可持续的发展观

当今社会生活节奏日益加快，建筑室内的功能复杂而又多变，室内装饰材料、设施设备、甚至门窗等构配件的更新换代也日新月异。从建筑和室内发展的历史来看，具有创新精神的新风格的兴起，总是和社会生产力的发展相适应。社会生活和科学技术的进步，人们价值观和审美观的改变，促使了室内设计必须充分重视并积极运用当代科学技术的成果，包括新型材料的应用、结构构造和施工工艺，以及为创造良好声、光、热环境的设施设备。总之，室内设计和建筑装修的"无形折旧"更趋突出，更新周期日益缩短，而且人们对室内环境艺术风格和气氛的欣赏和追求，也是随着时间的推移而在改变。

### 3．环保的生态观

现代室内设计的立意、构思，室内风格和环境氛围的创造，需要着眼于对环境整体的考虑。特别是坚持绿色生态环保的理念，在室内装饰与装修过程中多注意节能与环保的材质、材料，对家居住宅的舒适度与健康会有一定的保障。

### 4．艺术化的创造

室内设计艺术化的创造可以融入历史元素、风格特色、地域环境及个人的品位，通过空间界面设计、色彩搭配、材质材料与装饰陈设去体现。

## 三、室内设计的内容

室内空间环境按建筑类型及其功能的设计分类，其意义主要在于：使设计者在接受室内设计任务时，首先应该明确所设计的室内空间的使用性质，也就是所谓设计的"功能定位"，这是由于室内设计造型风格的确定、色彩和照明的考虑以及装饰材质的选用，无不与所设计的室内空间的使用性质、设计对象的物质功能和精神功能紧密联系在一起。设计包含以下几个方面的内容。

### 1．空间形象的设计

空间形象的设计就是对原建筑提供的内部空间进行改造、处理，按照人们对这个空间形状、大小、形象性质的要求,进一步调整空间的尺度和比例,解决各部空间之间的衔接、对比、统一等问题。

### 2．室内空间围护体的装修

室内空间围护体的装修主要是按照空间处理的要求对室内的墙面、地面及顶棚进行处理,包括对分割空间的实体、半实体的处理。总之,室内空间围护体的装修,是对建筑构造体有关部分进行处理。

### 3．室内陈设艺术设计

室内陈设艺术设计主要是设计、选择配套的家具及设施,以及对观赏艺术品、装饰织物、灯饰照明、色彩及室内绿化等进行综合艺术处理。

### 4．室内物理环境的设计处理

室内物理环境的设计处理主要是指处理室内气候、采暖通风、温湿度调节、视听音像效果等物理因素给人的感受和反应。

## 四、室内设计的依据、要求

现代室内设计考虑问题的出发点和最终目的都是为人们服务,满足人们生活、生产活动的需要,为人们创造理想的室内空间环境,使人们感到生活在其中,受到关怀和尊重;一经确定的室内空间环境,同样也能启发、引导甚至在一定程度上改变人们活动于其间的生活方式和行为模式。为了创造一个理想的室内空间环境,我们必须了解室内设计的依据和要求,并知道现代室内设计所具有的特点及其发展趋势。

### 1．室内设计的依据

1）人活动的空间范围

人活动的空间范围具体指人体尺度以及人们在室内停留、活动、交往、通行时的空间范围。首先是人体的尺度和动作区域所需的尺寸和空间范围,人们交往时符合心理要求的人际距离,以及人们在室内通行时需要的通道宽度。人体的尺度,即人体在室内完成各种动作时的活动范围,如门的高度和宽度、窗台和阳台的高度,家具的尺寸及相互间的距离,以及楼梯平台、室内净高等的最小高度的基本依据。涉及人在不同性质的室内空间内,从人们的心理感受考虑,所要顾及的满足人们心理感受需求的最佳空间范围。从上述的依据因素,可以归纳为静态尺度、动态活动范围、心理需求范围。

2）家居陈设的空间范围

在室内空间里,除了人的活动外,占有空间的主要内含物有家具、灯具、电器设备、陈设等,以及使用、安置它们时所需的空间范围。值得注意的是,此类设备、设施,由于在建筑物的土建设计与施工时,对管网布线等都已有一整体布置,室内设计时应尽可能在它们的接口处予以连接、协调。另外,对于出风口、灯具位置等,从室内使用合理的造型要求出发,适当在接口上做些调整也是允许的。

### 2．室内设计的要求

室内设计的要求主要有以下几项。

（1）具有使用合理的室内空间组织和平面布局,提供符合使用要求的室内声、光、热效应,以满足室内环境物质功能的需要。

（2）具有造型优美的空间构成和界面处理,宜人的光、色和材质配置,符合建筑物性格的环境气氛,以满足室内环境精神功能的需要。

（3）采用合理的装修构造和技术措施,选择合适的装饰材料和设施设备,使其具有良好的经济效益。

（4）符合安全疏散、防火、卫生等设计规范,遵守与设计任务相适应的有关标准。

（5）随着时间的推移,考虑具有适应调整室内功能、更新装饰材料和设备的可能性。

（6）依据可持续性发展的要求。室内环境设计应考虑室内环境的节能、节材、防止污染,并注意充分利用和节省室内空间。

### 3．设计师应具有的素养

从上述室内设计的依据条件和设计要求的内容来看,相应地也对室内设计师应具有的认识和素养提出要求,或者说,应该按下述各项要求的方向去努力提高自己。

（1）具有建筑单位设计和环境总体设计的基本知识,特别是具备对建筑单体功能分析、平面布局、空间组织、形体设计的必要知识,具有对总体环境艺术和建筑艺术的理解和素养。

（2）具有建筑材料、装饰材料、建筑结构与构造、施工技术等建筑材料和建筑技术方面的必要知识。

（3）具有对声、光、热等建筑物理、风、光、电等建筑设备的必备知识。

（4）对一些学科，如人体工程学、环境心理学等，以及现代计算机技术具有必要的了解和知识。

（5）具有较好的艺术素养和设计表达能力，对历史传统、人文民俗、乡土风情等有一定的了解。

（6）熟悉有关建筑和室内设计的规章和法规。

## 第二节　室内设计师的素质与职业标准

### 1. 独立的思想观念

思想观念是设计创作的灵魂和构思的出发点。优秀的设计师正是因为坚持自己的信念和理论，并以此指导自己的设计，因而能使自己的作品出类拔萃，无论在美学、功能或技术层次上，都达到一般设计师难以企及的高度。

### 2. 深厚的文化素养

室内设计涉及大量的实用功能、物质技术、投资决策、心理活动、社会文化等方面的知识和理论，设计师如果不具备丰富的阅历和广博的知识，就无法处理设计中出现的各种问题，难以创造出高水平的作品。

### 3. 不懈的创新能力

设计师的创新能力是指设计者持续产生新的思想和新的设计方案的能力。一个具有不懈创新能力的设计师，总能够以超越常规的思维定式和反传统的思想观念，挣脱习惯势力的束缚，在习以为常的事物和现象中萌发思想的火花，激发与众不同的创意。优秀的设计师要具有超前的敏感性，强烈的求异性，深刻的洞察力，才能够随机应变，巧妙解决设计方案中的疑难问题，不断拿出高水准的设计作品。

### 4. 出众的艺术审美能力

设计师要善于观察、捕捉生活中美的现象和美的形式，培养出众的艺术审美能力。这对于做好室内设计工作十分重要，必须持之以恒地朝着这一方向努力，坚持数年必有成效。

### 5. 良好的职业道德

设计师是一个报酬高、竞争性强的职业，既要有独立的个性，又要有良好的团队合作精神，还要有承受压力、挑战自我的顽强精神。要秉承"先做人，后做事"的原则，踏实工作，乐于奉献，在长期的业务磨炼中，创作精湛的作品或方案，充实自己的设计生涯。

## 第三节　中外居住空间发展简述

### 一、居住空间的发展

现代室内设计作为一门新兴的学科，尽管还只是近数十年的事，但是人们却一直在有意识地对自己生活、生产活动的室内进行安排布置，甚至美化装饰，并赋予室内环境以所期望的气氛。不过从人类文明伊始，人们就开始美化并布置居住空间环境。

### 1. 国内

从历史源头上可以了解到，国内的居住空间一直在发展变化中。原始社会时期较有代表性的是西安半坡村，其居住空间为圆形或者方形，多为半地穴式；发展到商代，建筑空间变得秩序井然，严谨规正；后经历了重点的几个历史时期：秦、汉、晋、隋、唐、宋、元这几个朝代，直到发展到明清时期，家具与室内装饰，成为古典历史时期发展的一个顶峰。中国五千年的历史形成了我国传统的各类民居住宅形式，比如有北京的四合院、云南的"一颗印"、傣族干阑式住宅、福建客家土楼、徽派民居、江南水乡民居、四川的山地住宅、山西民宅大院、上海的里弄建筑等，在体现地域文化的建筑形体和室内空间组织、建筑装饰的设计和装修工艺的制作方面，都有极为宝贵的成果可供后人借鉴（见图1-3～图1-6）。

北京的四合院

◆图　1-3

云南的"一颗印"

图 1-4

傣族干阑式住宅

图 1-5

福建客家土楼

图 1-6

### 2. 国外

国外居住空间也经历过多个时期。公元前古埃及在贵族宅邸的遗址中，抹灰墙上绘有彩色竖直条纹，地上铺有草编织物，配有各类家具和生活用品。发展到古希腊和古罗马，在建筑艺术和室内装饰方面已达到较高的水平。欧洲中世纪和文艺复兴以来，哥特式、古典式、巴洛克和洛可可等风格的各类建筑及其室内装饰均日臻完美，艺术风格更趋成

熟。历代优美的装饰风格和手法，至今仍值得我们借鉴。

19 世纪英国人拉斯金和莫里斯开创了一条适应社会发展进步的新路；20 世纪初，德国的包豪斯格罗皮乌斯经历了现代建筑发展的整个阶段，成为现代主义建筑和设计思想最重要的奠基人，这一时期还出现了多位影响未来设计的国际风格的设计大师，主要是密斯·凡·德·罗、勒·柯布西耶和赖特等（见图 1-7 和图 1-8）。

莫里斯设计的"红屋"

图 1-7

赖特设计的"流水别墅"

图 1-8

### 二、室内设计的发展趋势

随着社会的发展和时代的推移，现代室内设计具有以下发展趋势。

（1）从总体上看，室内环境设计学科同时与多学科、边缘学科的联系与结合的趋势也日益明显。

现代室内设计除了仍以建筑设计作为学科发展的基础外，工艺美术和工业设计的一些观念、思想和工作方法也日益在室内设计中显示其作用。

（2）室内设计的发展，适应于当今社会发展的特点，趋向于多层次、多风格。即室内设计由于使用对象的不同、建筑功能和投资标准的差异，明显地呈现出多层次、多风格的发展趋势。但需要着重指出的是，不同层次、不同风格的现代室内设计都将会更为重视人们在室内空间中的精神因素的需要和环境的文化内涵。

（3）专业设计在进一步深化和规范化的同时，业主及大众参与的势头也将有所加强。这是由于室内空间环境的创造总是离不开其间生活、生产的使用者的切身需求，从而使室内空间环境的使用功能更为完善、更具实效性。

（4）设计、施工、材料、设施、设备之间的协调和配套关系得到加强，上述各部分自身的规范化进程进一步完善。

（5）由于室内环境具有周期更新的特点，且其更新周期相应较短，因此在设计、施工技术与工艺方面优先考虑干式作业、块件安装、预留措施等的要求日益突出。

（6）从可持续发展的宏观要求出发，室内设计将更为重视防止环境污染的"绿色装饰材料"的运用，会更多地考虑节能与节省室内空间，从而创造有利于身心健康的室内环境。

（7）科技的发展必然带来智能家居的发展，这将给家居带来更大的便捷与安全性。

（8）自由、开阔、人性化都会是人们向往的居住空间的设计趋势（见图 1-9 和图 1-10）。

图 1-9

图 1-10

---

*课后作业*

分别对西方古典住宅与中国古民居进行一定的了解，并收集相关的图片资料。

# 设 计 风 格 篇

# 第二章　室内设计艺术风格

**教学目的:** 对室内设计艺术风格有一定的了解,从而能更好地应用到室内设计中。

**教学要求:** 熟悉并掌握中西方历史古典风格及现代室内流行风格与流派。

室内设计的风格和流派往往是和建筑以及家具的风格和流派紧密结合的。不同室内风格的形成不是偶然的,它是受不同时代和地域的特殊条件的影响,经过创造性的构想而逐渐形成的,是与各民族、地区的自然条件和社会条件紧密联系在一起的,特别是与民族特性、社会制度、生活方式、文化思潮、风俗习惯、宗教信仰等条件都有着直接的关联。同时,人类文明的发展和进步是个连续不断的过程,所有新文化的出现和成长,都是与古代文明相关联的,这就使室内环境凸显了民族文化渊源的形象特征。

## 第一节　东方风格

### 1. 中式古典风格

中式古典建筑室内有藻井式的天棚、雀替的构件和装饰。室内多采用对称式布局,以木料装修为主,格调高雅,造型优美,色彩浓重而成熟,多为黑色、红色。其中以明清时期发展为代表,明式古典的室内陈设讲究造型简洁完美,组织严谨合理,善用恰到好处的装饰和亮丽自然的木质。清式古典的室内陈设方面讲究风格华丽,浑厚庄重,线条平直硬拐,装饰感强,造型通常有很多雕花,家具颜色常以深棕、棕红、褐、黑为主,靠垫用绸、缎、丝、麻等做材料,表面用刺绣或印花图案做装饰,多为龙、凤、龟、狮、蝙蝠、鹿、鱼、鹊、梅等较常见的中国吉祥装饰图案,而饰品搭配方面常以红、绿、黄等丝质布艺织物;在墙面的装饰物品上有手工织物(如刺绣的窗帘等)、中国山水挂画、书法作品、对联和窗棂等,地面铺手织地毯。除此之外,室内陈设还包括匾幅、挂屏、盆景、瓷器、古玩、屏风、博古架等,追求一种修身养性,崇尚自然情趣的生活境界;工艺上,精雕细琢,富有变化,充分体现出中国传统美学的精神(见图 2-1 和图 2-2)。

**☯ 图　2-1**

图 2-2

## 2.新中式风格

新中式风格诞生于中国传统文化复兴的新时期,伴随着国力的增强,民族意识逐渐复苏,人们开始从纷乱的"模仿"和"复制"中整理出头绪。在探寻中国设计界的本土意识之初,逐渐成熟的新一代设计队伍和消费市场孕育出含蓄秀美的新中式风格。现代新中式风格室内空间的界面上去除了烦琐的装饰,整体上大气简约、质朴含蓄。应用现代材料与结构塑造出规整、端庄、典雅、有高贵感的室内造型空间,它反映了身处后工业化时代的现代人的怀旧情结和对传统的怀恋(见图2-3 ~ 图2-6)。

在家具方面通过运用简单的几何形状来表现物体,是在总结古人经验的基础上演变而来的,是取其精华、去其外在的形式,并运用现代的方式表现出来,在设计上继承了唐朝、明清时期家居理念的精华,将其中的经典元素提炼并加以丰富,同时改变原有空间布局中等级、尊卑等封建思想,给传统家居文化注入了新的气息。不刻板却不失庄重,注重品质但免去了不必要的苛刻,这些构成了新中式风格的独特魅力,特别是中式风格改变了传统家具"好看不好用,舒心不舒身"的弊端,加之在不同

户型的居室中布置更加灵活等特点,被越来越多的人所接受。

图 2-3

图 2-4

在装饰的色彩搭配上,现代中式风格非常讲究空间色彩的层次感,颜色也更加明快和现代,如绿色、白色、蓝色等的应用,既有历史的传承,又有时尚的演绎。墙面常用的壁纸为工笔花鸟图,在摆设上会适当地运用一些中式的摆件和陈设,如字画、花瓶、屏风、隔扇、博古架、唐三彩、青瓷花瓶等古董与绿化盆栽(见图 2-7 ~图 2-9)。

### 3. 日本"和式"风格

和式风格家居空间布局淡雅稳重,设计风格简约而精致,色彩多偏于原木色,以及善于应用竹、藤、麻和其他天然材料,形成朴素的自然风格。

和式风格的特点:用小面积展示最大的空间,它集会客厅、书房、卧室于一体,以天然素材营造高雅、宁静、舒适的环境,开创现代绿色新生活。新式的日式设计更多地考虑到人体的空间尺度、舒适性及功能要求,利用色彩、图案以及玻璃镜面的反射来扩展空间;采用取消装饰细部处理的抑制手法来体现空间本质,创造出一种纯净化的特定理想环境。秉承日本传统美学中对原始形态的推崇,原封不动地表露出水泥表面、木材质地、金属板格或饰面,着意显示素材的本来面目,体现着简洁明快的现代感。总体而言,和式风格将传统文化抽象成一个简洁、空灵的意象空间(见图 2-10 ~图 2-15)。

图 2-11

图 2-10

图 2-12

图 2-13

图 2-15

图 2-14

## 第二节 西方风格

西方室内装饰风格的特点是华丽、高雅,给人一种金碧辉煌的感受。最典型的古典风格从 16 世纪文艺复兴运动开始,到 17 世纪后半叶至 18 世纪的巴洛克及洛可可时代的欧洲室内设计样式。在其前还经历了有代表性的古罗马与哥特式风格。这类风格都有共同的特征:它们以室内的纵向装饰线条为主,包括家具腿部所采用的兽类爪子,椅背等处采用轻柔幽雅并带有古典风格的花式纹路、豪华的花卉古典图案、著名的波斯纹样、多重皱的罗马窗帘和格调高雅的烛台、油画及艺术造型水晶灯等装饰物都能完美呈现其风格。

### 1. 古罗马风格

自公元前 27 年,罗马皇帝时代开始,室内装饰结束了朴素、严谨的共和时期的风格,开始转向奢华、壮丽。由于罗马大部分建筑是由教堂衍化而来,这类建筑室内窗少,导致室内较阴暗,因此多采用室内浮雕、雕塑的装饰来体现其庄重美和神秘感。

券柱式造型是罗马建筑最大的特征,造型为两柱之间是一个券洞,形成一种券与柱大胆结合而极富韵味的装饰性柱式,这成为西方室内装饰最鲜明的代表。广为流行和实用的有罗马塔斯干式、多立克式、爱奥尼克式、科林斯式及其发展创造的罗马混合柱式,集中体现在拱门、圆顶、券拱结构上(见图2-16)。

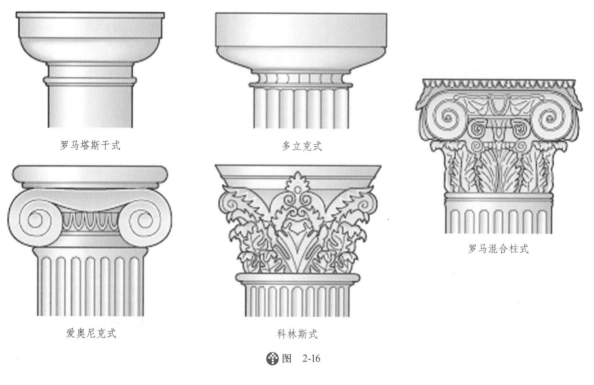

罗马塔斯干式　　　　　　多立克式　　　　　　　　　罗马混合柱式

爱奥尼克式　　　　　　科林斯式

图　2-16

典型的古罗马住宅为列柱式中庭,有前后两个庭院,前庭中央有大天窗的接待室,后庭为家属用的房间,中央用于祭祀祖先和家神,并有主人的接待室。房屋内部装饰精美,有门窗的地方往往用木制百叶窗,在没有窗户的墙壁上通常都用镶框装饰,并绘制精美的有透视效果的壁画,室内墙面常用蓝色和棕色,也有植物、花卉、动物和鸟类风格的花边。地面一般采用精美的彩色地砖铺贴,实用美观;而相对高档一些的建筑地面则铺设大理石,花岗岩应用也较为普遍(见图2-17~图2-19)。

图　2-17　　　　　　　　　　　　　　　　　　　图　2-18

古罗马家具设计多从古希腊衍化而来，家具厚重，装饰复杂且精细，全部由高档的木材镶嵌美丽的象牙或金属装饰打造而成，见图2-20；家具造型建筑特征，多采用三腿和带基座的造型，增强了坚固度；款式有旋木腿的座椅、靠背椅、躺椅、桌子、柜子等。除了木家具之外，在铜质、大理石家具方面，古罗马也取得了巨大成就，其家具多雕刻装饰有兽首、人像和叶形花纹装饰。古罗马家具在装饰上的技巧有雕刻、镶嵌、绘画、镀金、贴薄木片和油漆等；在雕刻方面的题材有：带翼状人或狮子、胜利女神、花环桂冠、天鹅头或马头、动物脚、动物腿、植物等。古罗马家具中较常见的植物图案是莨苕叶形，这种图案的特性在于把叶脉精雕细琢，看起来高雅、自然。

## 2．哥特式风格

哥特式风格通常表现得古典庄严、优美神圣，其发源于12世纪的法国，持续至16世纪，常被使用在欧洲主教座堂、修道院、城堡、宫殿、会堂以及部分私人住宅中，其基本构件是尖拱和肋架拱顶，整体风格为高耸消瘦，其基本单元是在一个正方形或矩形平面四角的柱子上做双圆心骨架尖券，四边和对角线上各一道，屋面石板架在券上，形成拱顶，其中多为尖拱和菱形穹顶，以飞拱加强支撑，使建筑得以向高空发展。室内有竖向排列的柱子和尖形向上的细花格拱形洞口，窗户上部有火焰装饰、卷蔓、螺形纹样（见图2-21和图2-22）。

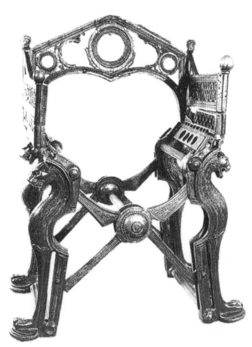

达格贝尔国王的青铜折叠椅（仿古罗马家具风格）

14 世纪末,哥特式室内装饰向造型华丽、色彩丰富明亮的风格转变,许多华丽的哥特式宅邸中通常会有彩色的窗、刺绣帷幔和床品、拼贴精致的地板和精雕细琢的木制家具,内部多以仿建筑的繁复木雕工艺、金属工艺和编织工艺为主,使用金属格栅、门栏、木制隔间、石头雕刻的屏风和照明烛台等作为陈设和装饰。材料方面主要使用榆木、山毛榉和橡木,同时使用的还有金属、象牙、金粉、银丝、宝石、大理石、玻璃等材料。哥特式家具主要有靠背椅、座椅、大型床柜、小桌、箱柜等家具,每件家具都庄重、雄伟,象征着权势及威严,极富特色。当时的家具多采用哥特式建筑主题如拱券、花窗格、四叶式建筑、布卷褶皱、雕刻和镂雕等设计家具;哥特式柜子和座椅多为镶嵌板式设计,高耸的尖拱、三叶草饰、成群的簇拥柱、层次丰富的浮雕是当时的特点,既可用来储物,又可用来当作座位(见图 2-23 ～图 2-26)。

🏠 图 2-24

🏠 图 2-25

🏠 图 2-23

🏠 图 2-26

### 3. 欧洲文艺复兴风格

文艺复兴建筑是 15 至 19 世纪流行于欧洲的建筑风格,起源于意大利佛罗伦萨。基于对中世纪神权至上的批判和对人道主义的肯定,建筑师希望借助古典的比例来重新塑造理想中古典社会的协调秩序。所以一般而言文艺复兴的建筑是讲究秩序和比例的,拥有严谨的立面和平面构图以及从古典建筑中继承下来的柱式系统。设计时非常重视对称与平衡原则,强调水平线,使墙面成为构图的中心。现代西方设计风格很大一部分起源于文艺复兴时期。

文艺复兴时期的建筑与室内空间的装饰相对之前的风格更加舒适而优雅。设计理念上追求现实,反对神性,界面用壁画、雕塑的方式来延伸真实的空间;横梁、边框和镶边也会根据主人的喜好和财力进行不同程度与风格的雕刻与装饰,见图 2-27;地板常以瓷砖、大理石或砖块拼接的图案铺设。室内的家具掀起了模仿古希腊、古罗马家具的高潮,并在其基础上增加了新的创造元素,多采用直线式样,多不露结构部件,强调表面雕饰并运用细密描绘的手法配以古典的浮雕图案,在材料方面多以胡桃木、桃花心木等名贵木材制作;随着传统古董和经典艺术越来越被人们欣赏,在室内装饰陈设方面更加华丽和丰富,会应用大量的丝织品、帷幔、靠枕和许多其他的家纺用品,色彩都较鲜艳、题材丰富。

☺图 2-27

### 4. 巴洛克风格

"巴洛克"指自 17 世纪初直至 18 世纪上半叶流行于欧洲的主要艺术风格。建筑与室内整体外形自由,追求动态,喜好富丽的装饰和雕刻、强烈的色彩,常用穿插的曲面和椭圆形空间。它主要有以下四个方面的特征。

第一,炫耀财富。它常常用大量贵重的材料、精细的加工、刻意的装饰,以显示其富有与高贵。

第二,不囿于结构逻辑,常常采用一些非理性组合手法,突出夸张、浪漫、激情,从而产生反常与惊奇的特殊效果。

第三,充满欢乐的气氛。提倡世俗化,反对神化,提倡人权。

第四,标新立异,追求新奇。这是巴洛克建筑风格最显著的特征。采用以椭圆形为基础的 S 形、波浪形的平面和立面,使建筑形象产生动态感;又或者把建筑和雕刻二者混合,以求新奇感;又或者用高低错落及形式构件之间的某种不协调来表现特定的风格。

　　巴洛克风格在室内界面上强调建筑绘画与雕塑以及室内环境等的综合性，会打破均衡，平面上有较多变化，强调层次和深度，在材质上会使用各色大理石、宝石、青铜、金等将室内装饰得华丽而壮观；立体结构上偏爱运用更复杂的几何原理和形状，如鹅蛋形、椭圆形、三角形和六边形等，楼梯也被设计成弯曲、盘绕的复杂形式。墙面还会装饰精美的法国壁毯与绘画，室内的雕刻工艺的装饰物，又以镀金或者镀银、涂漆、镶嵌、彩绘等手段装饰，色彩华丽且协调（见图2-28）。

🌐 图　2-29

🌐 图　2-28

　　巴洛克式家具雄浑厚重，特别强调线形流动变化的特点，例如，曲面、波折、流动、穿插等灵活多变的夸张手法来创造特殊的艺术效果，并做大面积的雕刻、金箔贴面、描金涂漆处理。坐卧类家具上大量应用布料包覆，椅子多为高靠背，并且下部一般有斜撑以增强牢固度，桌面多采用大理石镶嵌。室内整体上具有过多的装饰和华美厚重的效果，常将绘画、雕塑、工艺集中于一体（见图2-29和图2-30）。

🌐 图　2-30

### 5. 洛可可风格

　　洛可可式建筑风格以欧洲封建贵族文化的衰败为背景，表现了没落贵族阶层颓丧、浮华的审美理想和思想情绪。他们受不了古典主义的严肃理性和巴洛克的喧嚣放肆，追求华美和闲适。总体风格纤弱娇媚、华丽精巧、甜腻温柔、纷繁琐细。同时洛可可艺术在形成过程中还受到中国艺术的影响，大量使用曲线和自然形态做装饰。

　　在墙面粉刷的色彩上，爱用象牙白、嫩绿、粉红、玫瑰红等柔和的浅色调，天花板和墙面有时以弧面相连,线脚大多用金色。室内护壁板有时用木板,有时做成精致的框格,框内四周有一圈花边,中间常衬以浅色东方织锦。门窗的上槛、框边线脚等尽量避免用水平的直线,而用多变的曲线,并且常常被装饰打断,也尽量避免方角,在各种转角上总是用涡卷、花草等来软化和掩盖。室内喜爱闪烁的光泽,墙上大量镶嵌镜子,特别喜欢在大镜子前面安装烛台,欣赏反照的摇曳和迷离。地面用镶木地板、大理石或彩色瓷砖铺设,地毯在那时还是极为稀有的奢侈品,只有极少数人使用地毯装饰地面(见图2-31~图2-34)。

😊 图 2-33

😊 图 2-31

😊 图 2-34

😊 图 2-32

　　在室内装饰和家具造型上会应用凸起的贝壳纹样曲线和莨苕叶子、花环、花束、海贝、弓箭,C形、S形弯脚设计和旋涡状曲线纹饰蜿蜒反复地装饰,创造出一种非对称的、富有动感的、自由奔放而又纤细、轻巧、华丽繁复的装饰样式(见图2-35)。

图 2-35

### 6. 新古典主义风格

新古典主义设计风格起源于路易十六时期,也可以理解为改良后的古典主义风格,这种风格一方面保留了路易十六时期材质、色彩的大致风格,另一方面摒弃了过于复杂的肌理和装饰,采用简洁的线条和现代的材料设计传统样式,人们可以很强烈地感受到传统的历史痕迹与浑厚的文化底蕴。

在室内设计吊顶处常采用石膏板的造型;墙面有用板材或者大理石分割线条与设计地面拼花,追求神似还原古典气质。室内空间的色彩上大量采用象牙白、米黄、浅蓝、古铜色、金色、银色甚至是黑色等中性色彩构建室内环境(见图 2-36 和图 2-37)。

家具充分考虑人体舒适度,座椅上一般装有软垫和软扶手靠,椅靠多为矩形、卵形和圆形,顶点有雕饰,主要以玫瑰花饰、花束、丝带、杯形等相结合的物品,样式基调不作过密的细部装饰,点缀性采用希腊的精美镶嵌和镀金工艺,轮廓和转折部分由对称而富有节奏感的曲线或曲面构成,并装饰镀金铜饰、仿皮等,给人的整体感觉是华贵优雅,十分庄重,以意大利、法国和西班牙风格的家具为主要代

表。欧式家具用材种类繁多,常见的有蟹木楝、橡木、胡桃木、桃花心木等材质。家居软装饰多运用蕾丝花边垂幔、人造水晶珠串、卷草纹饰图案、毛皮、皮革蒙面、欧式人物雕塑、油画等,其中图案纹饰的运用与搭配更加强调实用性,多以简化的卷草纹、植物藤蔓等作为装饰语言,满足了人们对古典主义式浪漫舒适的生活追求,其格调华美而不显张扬,高贵而又活泼自由(见图 2-38 和图 2-39)。

图 2-36

图 2-37

图 2-38

图 2-39

### 7. 简欧风格

简欧风格,就是用现代简约的手法通过现代的材料及工艺重新演绎,营造欧式传承的浪漫、休闲、华丽大气的氛围,更多地表现为实用性和多元化,它是目前住宅别墅装修最流行的风格。室内界面的顶棚一般中间挂一盏水晶吊灯或者是直接沿顶棚的墙角做内藏灯带;墙面一般以大理石、壁纸、软包、镜面材质作为装饰,或者简单的涂料漆加挂画;地面较多铺大理石拼花、木地板,在色彩上突破原

有的米黄色为主的色调,用创新的颜色进行协调搭配,使整体室内更加多元化。

家具在沿袭传统的基础上,更多的是追求家具的实用性与舒适度,经典的欧式繁复的装饰被完全简化并用布艺软包进行修饰,更具有时代感与强调立体感。在色彩运用上是非常的丰富,可依据整体环境有选择性地进行搭配(见图2-40~图2-45)。

图 2-40

图 2-41

图 2-42

图 2-44

图 2-43

图 2-45

## 第三节 地域风格

### 1. 法式风格

　　古典的法式风格,主要包括法式巴洛克风格(路易十四风格)、洛可可风格(路易十五风格)、新古典风格（路易十六风格）、帝政风格等,是欧洲家具和建筑文化的顶峰。法式风格十分推崇优雅、高贵和浪漫,它是一种基于对理想情景的考虑,追求居住环境的诗意、诗境,力求在气质上给人以深度的感染。屋顶多采用孟莎式,坡度有转折,上部平缓,下部陡直;屋顶上多有精致的老虎窗,或圆或尖,造型各异。外墙多用石材或仿石材装饰,讲究点缀在自然中;内墙大量采用嵌板设计,并附以精美的装饰雕刻,整体地面开始大量运用大理石装饰。

法式风格的家具喜欢用胡桃木、桃花心木、椴木和乌木等,以雕刻、镀金、嵌木、镶嵌陶瓷及金属等装饰方法为主,装饰题材有玫瑰、水果、叶形、火炬、竖琴、壶、希腊的柱头、狮身人面像、罗马神鹫、戴头盔的战士、环绕字母 N 的花环、月桂树、花束、丝带等。绝大部分的家具都覆以闪亮的金箔涂饰,在椅背、扶手、椅腿均采用涡纹与雕饰优美的弯腿,其中椅腿以麻花卷脚即狮爪脚最为常见。后期简化了繁复的线条和装饰,椅座及椅背分别有坐垫设计,均以华丽的锦缎织成,以增加乘坐时的舒适感。

精致法式居室氛围的营造,重要的体现还在于布艺的搭配。窗帘、沙发、桌椅等在布艺选择上十分注重质感和颜色是否协调,同时也要顾及墙面色彩以及家具合理的搭配。如果布艺选择得当,再配以柔和的灯光,更能衬托出法式风格的曼妙氛围。室内整体色彩较喜爱用蓝色、绿色、紫色等再搭配象牙白,整体溢满素雅清幽的感觉（见图 2-46 和图 2-47）。

### 2. 维多利亚风格

维多利亚风格是 19 世纪英国维多利亚女王在位期间（1837—1901 年）形成的艺术复辟的风格,它重新诠释了古典的意义,摒弃机械理性的美学,开始了人类生活中一种全新的对艺术价值的定义。经常随机地使用几种风格的元素,有文艺复兴式、罗曼式、都铎式、伊丽莎白式或意大利风格的融入。维多利亚时期对这些风格的重新演绎并加入了更多现代的材料及元素,改进了原有的建造方法,视觉设计上异国风气占了非常重要的地位。

❀图 2-46

❀图 2-47

维多利亚风格的室内色彩绚丽、用色大胆且对比强烈。空间造型细腻、分割精巧、层次丰富、装饰美与自然美完美结合。在此期间,装饰性的顶棚深受人们的喜欢,大型住宅中的顶棚为石膏,并且这种装修方式在各种不同复兴风格中被广泛使用。墙纸也是特别流行的墙壁处理方式,其图案有几何形的、花卉的甚至风景,墙纸边缘设计希腊线脚来收头。通常室内大厅处会采用装饰的油彩瓷砖,铺设成几何图案,墙面有繁复线板及壁炉,搭配水晶灯饰、蕾丝窗纱、彩花壁纸、精致瓷器和细腻油画,这些都是维多利亚风格缺一不可的要素(见图 2-48 和图 2-49)。

🌐 图　2-48

### 3. 美式风格

美式古典风格诞生于 16 世纪欧洲的巴洛克、洛可可,以及融入了早先的哥特式与美国本土草原风格元素。因此具有"不羁、怀旧、情调"的特点,在平面布局上主要以对称空间为主,顶棚有时用粗木条搭建,室内一般有高大的壁炉、独立的玄关、书房,门窗大多以双开落地的法式门和能上下移动的玻璃窗为主。地面的材质是采用深色拼花木地板,装饰性的大理石拼花图案则多用在玄关处及其他重要的区域,整体气氛表现得具有文化感、贵气感与自由感。

🌐 图　2-49

室内家具用色较深,绿色、驼色是主要的色调,花布中格子印花与条纹印花是美式乡村风格中不可缺少的元素,见图 2-50 和图 2-51。装饰品一般以古董、黄铜、青花瓷为装饰重点。墙面的陈列会选择质感较浓厚的油画作品;地面会选择铺设波斯、印度图案、兽皮斑纹图案的地毯。

🌐 图　2-50

图 2-51

### 4. 地中海风格

地中海家居风格以其极具亲和力的田园风情及柔和的色调组合而被广泛地运用到现代设计中。室内会应用白灰泥墙、连续的拱廊与拱门,陶砖、海蓝色的屋瓦和门窗;地面多铺赤陶或石板、马赛克。在室内色彩上,地中海风格也按照不同地域而自然出现了三种典型的颜色搭配。

(1)蓝与白。这是比较典型的地中海颜色搭配。西班牙、摩洛哥海岸延伸到地中海的东岸希腊。希腊的白色村庄与沙滩和碧海、蓝天连成一片,甚至门框、窗户、椅面都是蓝与白的配色,加上混着贝壳、细沙的墙面、小鹅卵石地、拼贴马赛克、金银铁的金属器皿,将蓝与白不同程度的对比与组合发挥到极致(见图 2-52 ~图 2-56)。

(2)黄、蓝紫和绿。南意大利的向日葵、南法的薰衣草花田,金黄与蓝紫的花卉与绿叶相映,形成一种别有情调的色彩组合,十分具有自然的美感。

(3)土黄及红褐。这是北非特有的沙漠、岩石、泥、沙等天然景观颜色,再辅以北非土生植物的深红、靛蓝,加上黄铜,带来一种大地般的浩瀚感觉。

图 2-52

图 2-53

图 2-54

图 2-55

图 2-56

地中海风格家具为线条简单且修边浑圆的实木家具，并搭配独特的锻打铁艺家具，通过擦漆做旧的处理方式，搭配贝壳、鹅卵石等，表现出自然清新的生活氛围。软装饰的布艺如窗帘、壁毯、桌巾、沙发套、灯罩等以素雅的小细花、条纹格子图案为主，尽量采用低彩度棉织品。装饰物品方面常利用小石子、瓷砖、贝类、玻璃片、玻璃珠等素材，切割后再进行创意组合，制成各种装饰物。家居室内绿化，多为薰衣草、玫瑰、茉莉、爬藤类植物，小巧可爱的绿色盆栽也较为常见。

**5. 田园风格**

田园风格倡导"回归自然"，室内多用木料、织物、石材等天然材料，显示材料的纹理，清新淡雅。田园风格重视生活的自然舒适性，在室内环境中力求表现悠闲、舒畅、自然的生活情趣，常运用天然的木、石、藤、竹等质材。精心设置室内绿化，创造自然、简朴的氛围。色彩方面偏向于自然的清新颜色，如粉红、粉紫、粉绿、粉蓝、橙色、白色等，图案应用较多的是花朵和格子图案（见图2-57～图2-60）。

图 2-57

图 2-59

图 2-58

图 2-60

田园风格的不同地域特征体现在以下方面。

（1）北欧乡村：由于地理位置和气候的缘故，人们不喜欢在窗户上加窗帘，让室内尽量变得明亮。而且他们喜欢用大地的颜色粉刷室内，地板通常都用原色，整体色彩上显得很接近自然，不加修饰。

（2）西班牙式乡村：传统的房子很少有独立的餐厅，都用主房的小桌子。家具非常简单，常用坐卧两用的长椅代替沙发，椅子由未上油漆的松木或杉木制成，尽可能地体现出木材的本色。喜欢用几何图案和色彩对比。

（3）意大利式乡村：室内喜欢用土黄、陶土色（与大地颜色有关），家具简单，室内整体线条简洁清晰，但墙面粗犷，在一些细部喜欢用色彩装饰。

（4）英式乡村：主要体现古老和优雅。以不同年代、不同风格、不同款式的旧家具和物品为主。绿色植物在室内有着重要的作用。

（5）法式乡村：法式乡村风格是由文艺复兴风格演变而来的，它吸收了路易十四时期的装饰元素，并将其以更为注重舒适度和日常生活的方式表现于普通百姓的家庭设计中。室内家具有木制储物橱柜、铁艺收纳篮、手工烧绘的陶制器皿、装饰餐盘、木制餐桌、靠背餐椅与藤编坐垫，特别喜爱木头雕刻的装饰物，其主题形象有：表现丰收富饶的麦穗、丰收羊角和葡萄藤等，代表肥沃和孕育的贝壳，寓意爱的鸽子及爱心等。在布艺方面有淡雅、简洁色调的亚麻布艺或是传统图案的普罗旺斯印花棉布，是法式乡村风格软装造型必不可少的装饰，木耳边是这些布艺的常用款式。一些简洁的家具、淡雅的色彩、舒适的布艺沙发等均是对法式乡村风格的诠释与应用。

（6）美式乡村：美式乡村风格源于美国乡村生活，与法式乡村风格类似，也运用大量的木材，注重简单的生活方式、强调手工元素和舒适、温馨的氛围。摇椅、野花盆栽、小麦草、铁艺制品等都是美式乡村中常用的装饰物。所有欧式风格的造型，比如拱门、壁炉、廊柱等，都可以在美式乡村风格的硬装造型中出现。床是木制的，颜色多用棕红、黑胡桃、花梨木色。布艺是非常重要的运用元素，常用浅色碎花图案的棉麻布艺配上藤椅。

色彩方面主要有美国星条旗组合色：红、白、蓝，还有一种以 Betsy Ross 制作的最老的古董星条旗为灵感的做旧色彩组合，以及带有茶色陈旧感的红、白、蓝；标志性图式有代表南部热情好客的菠萝图案，还有鸟屋等；装饰品大量运用带有温馨情感的文字。

### 6. 北欧风格

北欧风格是指欧洲北部国家挪威、丹麦、瑞典、芬兰及冰岛等国的艺术设计风格。北欧风格将德国的崇尚实用功能理念和其本土的传统工艺相结合，富有人情味的设计使它享誉国际。其设计的典型特征是崇尚自然、尊重传统工艺技术，表现在室内的顶、墙、地三个面，基本不用纹样和图案装饰，只用线条、色块来区分点缀。在家具设计方面简洁、直接，体现功能化且贴近自然。北欧风格色彩搭配之所以令人印象深刻，是因为它总能获得令人视觉舒服的效果，常常会使用中性色进行柔和过渡，即使用黑白灰营造强烈效果，也总有稳定空间的元素打破它的视觉膨胀感，比如用素色家具或中性色软装来压制，见图2-61～图2-64。在选材方面上大多采用枫木、橡木、云杉、松木和白桦来制作各种家具，它本身所具有的柔和色彩、细密质感以及天然纹理非常自然地融入家具设计之中，展现出一种朴素、清新的原始之美。

图 2-61

🌐 图　2-62

🌐 图　2-64

### 7. 东南亚风格

在悠久的文化和宗教的影响下，东南亚的手工艺匠大量使用土生土长的自然原料，用编织、雕刻和漂染等具有民族特色的加工技法，创作出了这种独特的装饰风格。东南亚的大多数酒店和度假村都在运用这种融入宗教文化元素的风格，因此东南亚传统风格也逐渐演变为休闲和奢侈的象征。许多设计师会用传统的装饰品配上极简主义的功能性家具，打造出一种"禅"意的装饰风格。

在室内装修上常运用原始材料，如木材、竹子、藤编织草、贝壳、石头、砂岩等装饰室内，局部采用一些金色的壁纸、丝绸质感的布料；在装饰题材方面采用地方特色的艺术主题，比如亚热带花草、佛教元素和动物等。东南亚风格家具多选用柚木、檀木、芒果木等材质进行制作，外观多用包铜、金箔装饰的工艺。在软装饰陈设方面：有清凉的藤椅、泰丝抱枕、精致的木雕、树脂雕花、泰国的锡器、造型逼真的佛头、佛手、纱幔等特色装饰；布艺软装的色彩常采用金色、黄色、玫红色等饱和的色彩；手

🌐 图　2-63

工编织、雕刻工艺在室内大量运用,见图2-65～图2-68。

图 2-65

图 2-67

图 2-66

图 2-68

## 第四节 现代风格

### 1. 现代城市简约

现代风格起源于19世纪末20世纪初期的包豪斯学派,伴随着工业革命和科技进步而成长,家庭装饰也变得更为实用。这种风格注重实用功能,以"少就是多"为指导思想,线条造型更简洁,主张废弃多余、烦琐的装饰,使室内尽量简洁、明快。喜欢采用新材料、新工艺,如不锈钢、抛光石材、镜面玻璃、瓷砖、水泥、钢铁、铝等现代工艺材料。室内墙面与顶棚多采用白色乳胶漆,在空间布局利用方面,侧重人性化设计,强调功能的设计,搭配简单又舒适实用的家具。软装饰所使用的材料一般都注重环保和实用,窗帘的装饰纹样多以抽象的点、线、面为主;床罩、地毯、沙发布的纹样都应与此一致,其他装饰物(如瓷器、陶器或其他小装饰品)的造型也应简洁抽象,以求得更多共性,凸显现代简洁主题(见图2-69~图2-72)。

图 2-71

图 2-69

图 2-72

### 2. 工业风格 Loft

工业风格的 Loft 是很多年轻人比较喜欢的,它自由、随性,又带着酷酷的味道,彰显着主人的品位与气质。以突出当代工业技术成就为特色,在建筑形体

图 2-70

和室内环境设计中加以展现,十分崇尚"机械美",在室内暴露梁板、网架等结构构件,以及风管、线缆等各种设备,强调工艺技术与时代感;玻璃与金属充满现代感,而木制家具和暖色饰品的点缀则让这种工业风格的设计更为温馨(见图2-73和图2-74)。

图 2-73

图 2-74

### 3. 混搭风格

近些年科技的进步和财富的增长彻底改变了人们的生活方式,人们的思维方式和审美眼光也在发生着变化,不再拘泥于一种风格,而尝试着从各种风格中吸取自己喜爱的元素,我们将其归类为混搭风格。

混搭可吸取传统风格的特征,在装潢与陈设中融古今中西于一体,例如传统的屏风、摆设和茶几,配以现代风格的墙面及门窗装修与新型的沙发;或是欧式古典的琉璃灯具和壁面装饰,配以东方传统的家具和埃及的陈设、小品等。混搭风格的材质多应用金属、玻璃、瓷、木头、皮质、塑料等(见图2-75和图2-76)。

图 2-75

图 2-76

# 第五节　室内设计流派

## 1. 光亮派

光亮派也可以称为银色派,室内设计中展现新型材料及现代加工工艺的精密细致及光亮效果,室内往往大量采用镜面及平曲面玻璃、不锈钢、磨光的花岗岩和大理石等作为装饰面材,在室内环境的照明方面,常使用投射、折射型等各类新型光源和灯具,在金属和镜面材料的烘托下,打造光彩照人、绚丽夺目的室内环境。

## 2. 白色派

室内各界面及家具等常以白色为基调,简洁明朗,美国建筑师 R.Meier 是白色派设计的代表人物,这种设计不仅仅停留在简化装饰、选用白色等表面处理上,而是具有更深层的构思和内涵,在装饰造型和用色上不用过多地渲染。

## 3. 风格派

风格派起始于 20 世纪 20 年代的荷兰,以画家 P.Mondrian 为代表的艺术流派,强调"纯造型的表现",认为"把生活环境抽象化,这对人们的生活就是一种真实"。室内装饰和家具经常采用几何形体以及红、黄、青三色,或采用黑、灰、白等色彩进行搭配,一般风格派的室内设计在色彩及造型方面都具有鲜明的特征和个性。

## 4. 解构主义派

解构主义起始于派 20 世纪 60 年代,以法国哲学家 J.Derrida 为代表提出来的哲学观念,这种派系对传统古典、构图规律等均采用否定的态度,强调不受历史文化和传统理性的约束,是一种貌似结构构成解体,并突破传统形式构图且用材粗放的流派。

## 5. 超现实派

超现实派追求所谓的超越现实的艺术效果,在室内布置中常采用异常的空间组织,曲面或具有流动弧线形的界面。采用浓重色彩、造型奇特的家具和设备,有时还以现代风格绘画和雕塑来烘托变幻莫测的光影效果,这种做法比较常见于展示活动及娱乐空间。

## 6. 装饰艺术派

装饰艺术派也可以称为艺术装饰派,起源于 20 世纪 20 年代法国巴黎的一场现代工业国际博览会,装饰艺术派善于运用多层次的几何线形及图案,重点装饰于建筑内外门窗线脚、檐口及腰线、顶角线等部位,这种流派重视装饰效果在整个建筑或室内装饰中的艺术表现。其特点在于浓烈的色彩、大胆的几何结构和强烈的装饰性。

---

*课后作业*

收集不同风格的室内设计案例图片来进行对比与分析。

# 设计要素篇

# 第三章 室内家具与陈设

教学目的：了解室内家具与陈设，提高室内空间设计与搭配能力。

教学要求：熟悉家具、灯饰、织物、装饰画、装饰品、绿化的应用及搭配设计。

## 第一节 家具的概述

### 一、概述

家具贯穿于社会生活的方方面面，与人们的衣、食、住、行密切相关。随着社会的发展、科技的进步以及人们生活方式的变化而发展变化。它是人们的生活必需品，提供人们坐、卧、工作、储存、展示的功能。从历史发展角度来看，家具是实用功能与艺术形态设计的综合，体现了社会的进步与科学技术的发展，以及新材料与新工艺技术的紧密联系。

现代家具应用的类别，主要包括卧室用的床、床头柜、衣柜、床尾凳、妆台、妆凳、妆镜；书房用的书柜、书桌椅；餐厅用的餐柜、餐桌椅、酒柜；客厅用的组合柜、吊柜、电视柜、沙发、茶几；厨房用的橱柜、吊柜、操作台、吧台、吧椅；阳台、庭院用的休闲椅等。

### 二、家具在室内空间的作用

现代人们的工作、学习、生活是在建筑空间中通过家具来演绎和展开的，所以建筑空间需要把家具的设计与配套放在首位。家具的使用功能和视觉美感要与建筑室内设计相统一，包含风格、造型、尺度、色彩、材料、肌理等。家具在室内空间的作用表现在以下几个方面。

#### 1．组织空间，分隔空间

组织空间：这是家具的重要功能，它以人为本，体现功能需求，从而产生不同的功能效果，使空间更具变化与活力，增强特定氛围与情趣。

分隔空间：它在室内设计中应用广泛，沙发、吧台、酒柜、书柜等类家具是划分不同功能用途的标志，在布置上可以灵活多变。

#### 2．调节色彩，创造氛围

在室内装饰设计中家具有陈设作用，其色彩在室内装饰设计中具有举足轻重的地位。布局原则是"大调和、小对比"，其中"小对比"手法就是以家具色彩作为对比与调和的重点，在视觉上起到焦点与中心的作用。家具在室内空间中所占比例较大，体量较大，较为突出，因此，对室内空间氛围影响也大，既是实用品又是陈设品，体现着艺术审美、文化品质内涵。因此，正确选择、设计家具，塑造出需要的特定功能的空间环境十分重要。

#### 3．划分功能，识别空间

室内空间性质很大程度上是以家具的功能类型来确立。家具反映了空间的用途、规格、等级、地位、个性等，从而形成空间一定的环境品格，体现着室内环境的整体设计风格。

### 三、家具的分类

随着社会进步和人类发展，现代家具设计几乎涵盖了所有的环境产品,城市设施、家庭空间、公共空间、工业产品。家具的丰富多样性产生了较多的家具类别。以下主要根据不同的标准来分类。

(1)按家具风格分类:现代家具、后现代家具、欧式古典家具、美式家具、中式古典家具、新古典家具、新装饰家具、韩式田园家具、地中海家具。

(2)按家具功能分类:办公家具、户外家具、客厅家具、卧室家具、书房家具、儿童家具、餐厅家具、卫浴家具、厨卫家具(设备)和辅助家具等。

(3)按使用场所分类:民用类家具、公用类家具。

(4)按材料分类:木质家具、竹材家具、藤制家具、钢材家具、塑料家具、玻璃家具、石材家具(大理石、花岗岩、人造石材)、铁艺家具、皮革等。

(5)按家具结构分类:框式、板式、整装家具、拆装家具、折叠家具、组合家具、连壁家具、悬吊家具。

## 四、家具的材质美

家具设计的造型之所以能够给观赏者以美感,也是基于它的材质。我们知道,任何家具的造型都是通过材料去创造形态的,没有合适的材料,独特的造型则难以实现。就家具而言,其实它是依附于材料和工艺技术,并通过工艺技术去体现出来。材料的不同,使家具在加工技术上带给人视觉和触觉上的感受也不同,室内陈设布局中掌握与选购好家具的款式与材质,不仅能强化家具的艺术效果,而且也是体现家具品质的重要标志。

现代家具设计强调自然材料与人工材料的有机结合,例如金属与玻璃等人工的精细材料,与粗木、藤条、竹条等自然的粗重材料的相互搭配,玻璃等金属通过机械加工体现出人工材料的精确、规整,竹、木、藤等自然材料则表现出人的手工痕迹,反映出巧妙地借用对比和材料的搭配,呈现出了家具设计的材质之美。

## 五、家具的装饰元素

家具的装饰元素体现在不同历史发展时期,特别是古典时期的家具陈设,以复杂精湛的雕刻工艺塑造了不同的装饰元素,总体体现了豪华、精美的艺术效果。例如,西方古典中常用兽类的头、爪、足

来显示使用者的威严与权利;受宗教的影响后,宗教的题材便应用在室内装饰陈设中;后期用贝类、植物的题材较多,显示精美而浮华的生活情境。东方应用在家具中的题材较多表现为花、鸟、兽、文字等,总体体现出一种吉祥如意、富贵之感。现代工艺的家具外观装饰总体上较为简约,以几何、简单的花纹作为修饰。

## 六、家具的色彩

家具通过造型形态和色彩产生美感,色彩是其中的重要因素。家具与色彩两者共为一体,是"最大众化的美感形式"。家具设计师不仅要运用造型与质感来表现家具设计的风格,而且还要充分利用色彩来表达设计的情调,设计师习惯于从丰富多彩的自然色彩中去提炼、概括,并根据所设计的内容,用色彩语言组成一定的色彩关系,再利用色彩的适当布局,形成韵律感和节奏感,使其形成一种独特的语言,传递出一种情感,从而达到吸引和感染消费者的目的。

### 1. 注重色调在家具色彩设计中的应用

(1)色调在总体色彩感觉中起到支配和统一全局的作用。色调决定着家具的风格,如生动活泼、精细庄重、柔和亲切、冷静、明快等特征。

(2)家具的功能是依据结构、时代、个人喜好及艺术等方面加以确定。以色形一致、以色助形、形色生辉作为设计标准,如儿童家具应具有色彩鲜艳、生动活泼的风格。

(3)色调分为暖色调(温暖、柔和),冷色调(冷清、凉爽),高彩度暖色调(刺激、兴奋感),低彩度冷色调(平静、思索),高明度调子(明快、清爽),低明度调子(深沉、庄重)(见图3-1~图3-4)。

❀ 图 3-1

图 3-2

图 3-3

图 3-4

## 2．充分考虑色彩的生理、心理效应

（1）色彩的生理效应来自于色彩的物理光谱效应，对人的生理视觉有直接的影响。如红色使人情绪不安、兴奋、激动、血压升高，蓝色则具有使人情绪沉静、减缓血压等功效。

（2）色彩的心理效应更多地与地域、文化、风俗习惯、个性、宗教信仰等相关联。

### 七、家具的结构与构造

#### 1．家具的结构工艺

家具的结构是指家具的材料与构件之间的一定组合与连接方式，是依据一定使用功能组成的结构系统。

结构包括以下几种类型。

（1）内部结构：零部件之间的组合方式，要依据材料自身特点决定构件方式。

（2）外部结构：与使用者相接触，是外观造型的直接反映。

#### 2．六种常用的构造形式

（1）框架式构造：例如，中国传统家具的典型结构形式，横、立木构架，梁柱结构，起着支撑和负重的作用,板材起分隔、封闭空间的作用。

（2）板式构造：板件本身的结构和板之间的连接结构组成板式家具的基本结构。常用的板材有实木拼板、复合空心板、人造板。大多采用各类组合和螺钉相结合的方式。

（3）拆装式构造：以连接构件来结合家具各部分零件。如框角连接件、插接连接件等方式。依据材料和功能的不同,其运用方式也不同。

（4）薄壁成型方式构造：以玻璃钢或塑料工艺成型,如一次性成型的沙滩椅、桌子等。

（5）折叠式构造：主要有桌、椅、凳,折叠式构造便于存放、运输,适用于餐厅、会场等多功能厅、公共场所等。

（6）充气式构造：由充气囊组成家具,适合旅游场所,如沙滩椅、沙发等。

## 八、家具的形态

家具的形态是家具设计的首要问题,关系到造型、色彩、质感以及风格流派的形成。家具的形式美应注意以下方面。

### 1. 比例和尺度

家具造型各部分的尺寸要符合使用功能的要求,在满足实用功能的前提下,视觉造型应有美感。在比例上家具的长、宽、高应相互协调,在使用中应与人体尺寸形成合适的比例关系,应以人体的尺寸作为参照标准。

### 2. 变化和统一

所谓变化,即在一件家具的造型上,表现为大与小的对比,材料质感粗与细的对比,色彩明与暗的对比。通过这些因素的对比变化,使家具显得更具层次感。

所谓统一,就是在一定条件下,把各个变化的因素有机地统一在一个整体之中。具体来说就是创造出共性的东西,如统一的材料、统一的线条、统一的装饰元素等,使家具更富于规律,并且严谨、整齐、安定。

### 3. 对比与协调

对比与协调是运用造型设计中某一因素（例如体量、色彩、材料质感等）中两种程度不同的差异,取得不同装饰效果的表现形式。差异程度显著的表现称为对比,差异消失趋向一致的表现称

为一致。对比的结果是彼此作用、相互衬托,更加鲜明地突出各自的特点；一致的结果是彼此和谐、相互联系。

### 4. 对称和均衡

家具是由一定体量和不同材料构成的实体,表现出一定的重量感,因此必须处理好家具质量感方面的对称和均衡关系。研究对称和均衡的目的,就是要正确处理家具各部位的体量关系,以获得均衡、生动、稳定而又轻巧的家具形象。其包含两个方面：家具造型形态上的均衡和稳定感；家具造型、材料的重心稳定。

### 5. 主次和同异

主次和同异体现在突出主题、增强作品的艺术感染力方面。家具的空间形态组合要有秩序,应做到主次有序分明,重点突出,否则就是平铺直叙,毫无生气。因此,家具的重点部位需要重点处理,人与家具发生直接关系的部分,如桌面、座椅靠背、扶手等是“焦点”所在。

### 6. 仿生和模拟

仿生和模拟可以从自然界中的动、植物等有机和无机形态中提取,结合家具的造型、功能,来提炼、概括、取舍并启发联想。

## 九、家具设计的原则

家具是一种工业产品和商品,必须适应市场需求,满足使用功能,遵循市场规律。

### 1. 人体工程学原理

应用人体工程学原理指导家具设计,根据人体的生理、心理要求,满足使用功能设计的家具。

### 2. 综合构思的原则

家具是物质功能与精神功能的复合体,不能单一地从形式美去设计家具造型,需从多角度思考设计,具体体现在造型艺术形式、科技工艺技术（材料、结构、设备）,以及时代、民族、地域特色、经济效益等方面。

### 3. 满足市场需求的原则

社会在不断地发展,新材料、新工艺,以及人们新的审美观与精神需求都在不断变化与提升。

### 4. 创造性原则

设计的核心就是创造,设计过程就是创造的过程。通过吸收、记忆、理解、经验积累到联想、剖析、

判断，再到创造出新产品的过程。

### 5. 资源持续利用原则

自然资源中的许多材料十分珍贵，需要合理地利用，以达到循环利用的目的，从而使人类生存的环境和自然资源可持续且和谐地发展。

## 第二节　家具的发展

### 一、东方家具

#### 1. 中式古典家具

中国家具是中国文化的重要组成部分，其历史悠久，是中华民族的文化遗产，也是世界的财富。家具演变是因为各个时代的生活方式不同而决定了家具的发展方向。中国传统家具可分为以下方面。

（1）商、周时期。当时人们习惯席地而坐，家具多为低矮类型，主要有床、屏、几、案、榻。

（2）南北朝时期。该时期逐渐出现了高型坐具，垂足而坐开始流行。

（3）唐、宋时期。当时经济繁荣，中国垂足家具兴盛。唐晚期，家具特点表现为浑厚、丰满、宽大、稳重，体量和气势比较博大，装饰有复杂的雕花并有大漆彩绘。家具有直脊背靠椅、箱式床、架屏床、独立榻、屏风、墩、案等类型。

宋代家具得到了空前发展，形式多样，有床、榻、桌、案、凳、箱、柜、衣架、盆架等。宋代家具制作上变化丰富，有束腰、马蹄、蚂蚱腿、云兴足、莲花托等各种装饰形式，还有各种结构部件，如牙板、矮佬、托泥等，呈现出挺拔、秀丽的特点。装饰上朴素、雅致，无大面积雕镂装饰，局部有点缀，起到画龙点睛的效果。

（4）明、清时期。此时中国家具艺术达到了鼎盛时期，家具生产制作精良，体现出精湛的工艺价值、艺术欣赏价值和历史文化价值，是中华民族珍贵的文化遗产之一。其中明代在继承宋、元时期传统样式基础上发展壮大，以优质硬木为主要材料（紫檀、红木、黄花梨），家具经久耐用，风格审美特征突出，工艺制作日趋成熟。家具刚柔相济、洗练精致，白铜合页、把手等紧固件增加了装饰效果，有浮雕、镂雕、各种曲线。色彩上配合得当，具有高雅风格，工艺、装饰、用材各方面日趋成熟。细木家具经久耐用，实用、审美性提高，表现了出类拔萃的艺术

风貌与鲜明的特色。

清代时期的家具是在明式家具基础上又有所提升，雕、饰更加烦琐，装饰上多为描金与彩绘，题材上多为吉祥的图案，风格样式上更加稳重。具体表现在几个方面：其一，品种丰富、式样多变、追求奇巧；其二，选材讲究，做工细致，推崇色泽深、质地密、纹理细的珍贵硬木，以紫檀木为首选，其次是花梨木和鸡翅木；其三，在结构制作上，为保证外观色泽纹理一致，也为了坚固牢靠，往往采取一木连做，而不用小木拼接；其四，吸收外来文化，融会中西艺术（见图 3-5 ～图 3-8）。

🉑图　3-5

🉑图　3-6

🉑图　3-7

图 3-8

### 2. 新中式风格家具

　　新中式风格家具典雅、端庄,选用天然的装饰材料,运用"金、木、水、火、土"五种元素的组合规律来营造禅宗式的理性和宁静环境。家具多以线条简练的明式家具为主,色彩上不拘于原始的木色、咖啡色,而是大胆尝试新的亮丽的色彩,并常与瓷器、陶艺、窗花、装饰画来进行协调的搭配,再现了移步变景的精妙,表达对清雅含蓄、端庄丰华的东方式精神境界的追求(见图 3-9)。

图 3-9

### 3. 东南亚风格家具

　　东南亚风格家具特点主要是以其来自热带雨林的自然之美和吸收了中西方历史文化而形成浓郁的民族特色而风靡世界。手工工艺具有浓厚的文化气息,它广泛地运用木材和其他的天然原材料进行搭配,如藤条、竹子、石材、青铜和黄铜;座椅的坐垫一般用亚麻布艺搭配丝绸质感的靠枕。在色彩方面,大多以深棕色、黑色等深色系为主,令人感觉沉稳大气。近年来,东南亚家具在原始材料的基础上,尝试用椰子壳、贝壳、树皮、砂岩石、玻璃等制作家具、灯具和饰品,而且工艺精致,兼具传统与时尚的气息(见图 3-10 ~图 3-11)。

图 3-10

图 3-11

## 二、西方家具

### 1. 西方古典家具

西方家具的特点：实木材料硬度好，柔韧性强，造型有弧度美，雕刻图案细腻，体现豪华的气息，由早期烦琐的装饰逐步发展到现代注重舒适度的设计。回顾历史，古埃及、古希腊、古罗马的哥特式的家具都较为厚重、装饰复杂且精细，全部由高档的木材镶嵌美丽的象牙或金属装饰打造而成；家具造型多参考建筑特征，兽足形的家具立腿是其主要特性之一；另外也用旋涡形装饰家具，后期又经历了文艺复兴、巴洛克、洛可可、新古典主义时期。下面重点介绍代表性的古典风格家具。

（1）文艺复兴时期（意、法、英）。该时期的家具冲破中世纪装饰的闭锁性，重视人性的文化特征，文化艺术从宫殿转向民众，16 世纪开始繁盛，这个时期欧洲各国逐步形成各自的特色（见图 3-12 和图 3-13）。

❀图　3-12

❀图　3-13

家具特点如下。

雕饰图案：麻花纹、蛋形纹、叶饰、花饰等。

装饰题材：宗教、历史、寓言故事。

用材：胡桃木、椴木、橡木、紫檀等。

镶嵌用材：骨、象牙、大理石、玛瑙、玳瑁、金银等。

蒙面料：染有鲜艳色彩的皮革。

（2）巴洛克时期（17—20 世纪，意大利）。家具受到绘画、雕塑、建筑的影响，后来从意大利逐渐传遍整个欧洲（见图 3-14 和图 3-15）。

❀图　3-14

❀图　3-15

家具特点如下。

装饰：有古典叶纹装饰、山楣、垂花幔纹；造型上仿照面具、狮爪、兽足；包嵌有银片嵌花纹饰；有精工雕铸的人像装饰。

材料：使用奢侈昂贵的材料（宝石、细木镶嵌、天鹅绒蒙面），金箔贴面。

形态：造型厚重，富有雕塑感，常以人体雕像为桌面支撑。

线条：以弧曲、球茎状线条为主。

图案雕饰：采用珍珠壳、美人鱼、花环、涡卷纹。

（3）洛可可时期（18世纪，法国）。18—20世纪这种风格风行欧洲，是对巴洛克经典风格过分规范和沉重的一种反潮流（见图3-16和图3-17）。

🎬 图 3-16

🎬 图 3-17

家具特点如下。

形态：大量运用玲珑起伏、不对称的形状，特别是C形和S形涡卷纹的复杂精巧结合。有贝壳式形状、写实性花朵和叶簇、中国式纹样。

题材：主题形象以戏剧人物、田园人物、四季风光、拟人化的形象为主。

图案雕饰：有狮、羊、花叶边饰、叶蔓等。

装饰：通过金色涂饰或彩绘贴金，再以高级硝基来显示美丽纹理的本色涂饰。偏爱明亮的粉色系，以白色为基调，配以优美的曲线雕刻并搭配轻巧的木制材料、涂金效果。

家具样式：柔美、回旋，采用曲折线条，具有精良纤巧的造型风格。

（4）新古典主义时期（18世纪中期）。该时期较有代表性的是反洛可可风格，该风格着重表现曲线、曲面样式，追求动态变化。后期风格变得更加单纯和朴素、庄重。以意大利、法国和西班牙风格的家具为主要代表，其延续了17世纪以来皇室贵族家具的特点，保留了材质、色彩的大致风格，从中仍然可以很强烈地感受到传统的历史痕迹与浑厚的文化底蕴，同时又摒弃了过于复杂的肌理和装饰，简化了线条。讲究手工精细的裁切雕刻，轮廓和转折部分由对称而富有节奏感的曲线或曲面构成，并装饰有镀金铜饰，结构简练，线条流畅。欧式家具用材种类繁多，常见的有蟹木楝、橡木、胡桃木、桃花心木等材质，主要装饰玫瑰花饰、花束、丝带、杯形等相结合的元素。样式基调不做过密的细部装饰，以直角为主体，追求整体比例的和谐与呼应，做工考究，造型精练而朴素（见图3-18和图3-19）。

🎬 图 3-18

## 2. 简欧风格的家具

简欧风格的设计风格特点摒弃了过于复杂的肌理和装饰，简化了线条，偏好温馨的色系，比如黄色、米黄色、白色、原木色、咖啡色等。将古典风范与个人的独特风格和现代精神结合起来，使古典家具呈现出多姿多彩的面貌,它虽有古典的曲线和曲面,但少了古典的雕花,又多用现代家具的直线条,整体看起来大方、明亮,给人一种开放、宽容的非凡气度(见图3-20和图3-21)。

🎖 图　3-19

🎖 图　3-20

🎖 图　3-21

### 1. 怀旧的美式家具

美式家具是殖民地风格家具中最典型的代表。美国作为欧洲曾经的最大的殖民地,美式家具融汇了欧洲各国的风格,从而创造出了一种全新的地域特色风格。

在美式家具中,乡村风格一直占有重要地位,体现出早期美国先民的开拓精神和崇尚自由、喜爱大自然的个性,它造型简单,色调怀旧,用料自然、淳朴。美式家具多采用胡桃木、樱桃木和橡木、枫木及松木为主制作,油漆以单一色调为主,并且与真皮、布料、铁器、大理石、玻璃等多种材质相结合。材料的处理刻意强调自然与功能性,采用看似未经加工的原木材料来制作家具,以突出其天然的质感,在家具的表面上故意制造"瑕疵",如虫蚀的木眼、火燎的痕迹、锉刀痕、铁锤印等,这是美式家具的特殊涂装工艺——"做旧",营造一种岁月磨砺过的痕迹,显现木材的本色,迎合人们的怀旧之情(见图3-22和图3-23)。

🎖 图　3-22

🎖 图　3-23

第三章　室内家具与陈设

**47**

### 2．浪漫的地中海家具

地中海家具大多以白色为主体,也有的采用色彩浓烈的西班牙风格。天是蓝的,海是蓝的,所以常常采用白色和蓝色做搭配,比如,椅子的面、腿会做成蓝与白的配色,使家具有岁月的斑驳感;家具色彩尽量采用低彩度、线条简单且修边浑圆的实木家具或藤类等天然材质。地中海家具以其极具亲和力的风情,柔和的色彩,体现了休闲、浪漫、自由的感觉(见图3-24)。

图 3-24

### 3．柔美的田园风格家具

田园风格的家具设计近年逐渐盛行,大致可分为美式、欧式、韩式及中式乡村田园等。田园风格倡导"回归自然",美学上推崇"自然美",因此田园风格力求表现悠闲、舒畅、自然的田园生活情趣。结构的用材方面主要用木、藤、竹,搭配棉、麻的布艺,布面花色秀丽,多以纷繁的碎花或者条纹图案为主。柜子或者桌子上会绘制或者手工雕刻花纹图案。田园风格的居室还要通过绿化把居住空间变为"绿色空间",如结合家具陈设等布置绿化(见图3-25)。

### 4．简洁时尚的北欧家具

北欧人创造了举世闻名的童话,也创造了举世无双的家具。他们"古朴＋时尚"和"简洁＋精湛"的人本主义设计思想,充分体现了北欧人对生活的理解。他们十分注重家居产品的构造、材料的选择、功能的表现性,实用和接近自然是北欧现代家具的两个主要特点。在家具色彩的选择上偏向浅色,如白色、米色、浅木色。常常以白色为主调,使用鲜艳的纯色作为点缀;或者以黑白两色作为主调,不加入其他任何颜色。空间给人的感觉是干净明朗,绝

无杂乱之感。它的人性化、独创性、生态性、科学性、工业化,符合现代年轻人追求简约、时尚的特点(见图3-26和图3-27)。

图 3-25

图 3-26

图 3-27

### 四、现代家具

现代家具的特点是简约明快、实用大方,大多采用新型材料或者是新技术,与古典家具有着天壤之别,这也是现代化社会的一个标志。在色彩上对比非常鲜明,创新性非常强。有些款式还蕴藏着新古典风格,这也是现代风格家具在含义中的升华(见图 3-28 和图 3-29)。

图 3-28

图 3-29

现代家具的发展包括以下几个阶段。

### 1. 工艺美术运动（19世纪）

工艺美术运动时期的家具坚持"功能适应论"，提倡家具设计要符合功能和实用的原则，材料与加工方法必须最大限度地适应制造工艺技术。设计与材料相结合，强调手工制作与技巧，反对机械化的生产。风格总体上比较简练，造型上更具功能性，着重突出艺人的技巧，一般上遵循"物适其所用""少则多"的设计理念。

### 2. 新艺术运动（19—20世纪）

新艺术运动时期的家具追求手工艺术，求创新。灵感来自于几何原理、自然形象，以本土化、自然界作为创作源泉。在线条风格方面以有机体造型作为装饰。

### 3. 现代主义（20世纪）

现代家具始于19世纪末，发展于20世纪初期，以包豪斯设计风格作为典范。家具的特点是：首先强调功能性的设计，线条简约流畅，以几何形状为造型，色彩对比强烈，使用机器批量生产。在材质上大量地使用钢化玻璃、不锈钢等新型材料。家具选择上强调让形式服从功能，一切从实用角度出发，废弃多余的附加装饰，点到为止。

### 4. 装饰艺术

装饰艺术受立体主义、后印象派、未来派、野兽派等的深入影响，与现代主义几乎同时诞生。风格上强调几何造型，倡导装饰感，追求材料革新和人造材料的使用。

### 5. 20世纪中期的现代风格

该时期的家具以手工艺、传统的装饰手法为主，新技术材料运用广泛，注重体现形式与功能的统一，使家具美观又实用。

### 6. 波普风格

波普风格以赶时髦为主，具有"嬉皮""酷"的特点，喜欢标新立异，追求时尚、科技化，善于应用新材料，远离现实主义。

### 7. 后现代主义

后现代主义家具的设计表现得激进且富于创造力，追求超越一切的创新设计，反对理性设计。

## 第三节　家居陈设之灯具

### 一、灯具的类别

灯具，是指能透光，且能分配和改变光源分布的器具，包括除光源以外所有用于固定和保护光源所需的全部零部件，以及与电源连接所必需的线路附件。家居照明从电的诞生开始就出现了最早的白炽灯泡，后来发展到荧光灯管，再发展到后来的节能灯、卤素灯、卤钨灯、气体放电灯和LED特殊材料的照明等。现如今，灯具的设计不但侧重于艺术造型，还考虑到型、色、光与环境格调相互之间的协调，注重与空间、家具、陈设等配套装饰达到相互衬托的作用。灯饰按照不同的材质可以分为水晶灯、铜灯、羊皮灯、铁艺灯、彩色玻璃灯、贝壳灯等类型。按照造型分类，主要有吊灯、吸顶灯、壁灯、台灯、落地灯、筒灯、射灯等。

### 1. 吊灯

吊灯适合于客厅。吊灯的花样最多，常用的有欧式烛台吊灯、水晶吊灯、中式吊灯、时尚吊灯、羊皮纸吊灯、锥形罩花灯、尖扁罩花灯、束腰罩花灯、五叉圆球吊灯、玉兰罩花灯、橄榄吊灯等。用于居室的分为单头吊灯和多头吊灯两种，前者多用于卧室、餐厅，后者宜装在客厅里。吊灯的安装高度，其最低点离地面应不小于2.2米。

### 2. 吸顶灯

吸顶灯常用的有方罩吸顶灯、圆球吸顶灯、尖扁圆吸顶灯、半圆球吸顶灯、半扁球吸顶灯、小长方罩吸顶灯等。吸顶灯适合于客厅、卧室、厨房、卫生间等处照明。吸顶灯可直接装在天花板上，安装简易，款式简单大方，赋予空间清朗明快的感觉。

### 3. 壁灯

壁灯适合于卧室、卫生间照明。常用的有双头玉兰壁灯、双头橄榄壁灯、双头鼓形壁灯、双头花边杯壁灯、玉柱壁灯、镜前壁灯等。壁灯的安装高度，其灯泡应离地面应不小于1.8米。选壁灯主要看结构、造型，一般机械成型的较便宜，手工的较贵。铁艺锻打壁灯、全铜壁灯、羊皮壁灯等都属于中高档壁灯，其中铁艺锻打壁灯销量最好。

#### 4. 台灯

台灯按材质可分为陶瓷灯、木灯、铁艺灯、铜灯、树脂灯、水晶灯等,按功能可分为护眼台灯、装饰台灯、工作台灯等,按光源可分为灯泡、插拔灯管、灯珠台灯等。客厅、卧室等一般用装饰台灯,工作台、学习台一般用节能护眼台灯。

#### 5. 落地灯

落地灯常用作局部照明,不讲究全面性,而强调移动的便利,对于角落气氛的营造十分实用。落地灯的采光方式若是直接向下投射,则适合需要集中精力完成的活动;若是间接照明,可以调整整体的光线变化。落地灯一般放在沙发拐角处,落地灯的灯光柔和,晚上看电视时效果很好。

#### 6. 筒灯

筒灯一般装设在卧室、客厅、卫生间的周边天棚上。这种嵌装于天花板内部的隐置性灯具,所有光线都向下投射,属于直接配光。可以用不同的反射器、镜片、百叶窗、灯泡来取得不同的光线效果。筒灯不占据空间,可增加空间的柔和气氛。如果想营造温馨的感觉,可试着装设多盏筒灯,减轻空间的压迫感。

#### 7. 射灯

射灯可安置在吊顶四周或家具上部,也可置于墙内、墙裙或踢脚线里。光线可以直接照射在需要强调的家什器物上,以突出主观审美的作用,达到重点突出、环境独特、层次丰富、气氛浓郁、缤纷多彩的艺术效果。射灯光线柔和,使环境显得雍容华贵,既可对整体照明起主导作用,又可通过局部采光来烘托气氛。

以下是常见的欧美、中式及现代风格的灯具,应注意它们不同的造型、材质、灯光效果在室内空间中的应用与搭配。

### 二、灯具的风格

#### 1. 欧式灯

1）简欧风格灯

简欧风格灯重曲线造型和色泽上的富丽堂皇,强调华丽的装饰,精美的造型。从材质上看,欧式灯多以树脂、铁艺、纯铜、水晶为主。其中树脂灯造型很多,可有多种花纹,贴上金箔、银箔显得颜色亮丽;铁艺等造型相对简单,但更有质感。款式与造型有盾牌式壁灯、蜡烛台式吊灯、带帽式吊灯等几种基本典型样式（见图3-30）。

图 3-30

2）地中海与田园风格的灯具

地中海风格的灯具设计将海洋元素应用到设计中的同时,善于捕捉光线,取材天然,素雅的小细花与条纹格子图案是主要特色。常见的款式有用一些半透明或蓝色的布料、彩色玻璃等材质制作成灯罩,灯具的灯臂或者中柱部分常常会通过擦漆来进行做旧处理。田园风格的灯具造型会模仿植物的花与叶,灯罩通常用玻璃制作,支架用铁艺制作,色彩方面较清晰柔美（见图 3-31）。

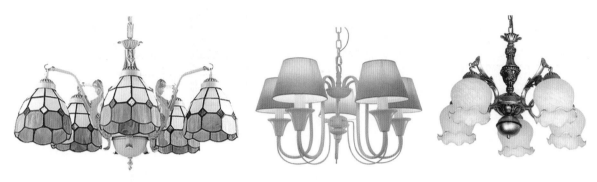

图　3-31

## 2．东方色彩的灯具

### 1）中式的灯具

中式的灯具造型讲究对称,工艺上精雕细琢,强调古典和传统文化神韵的感觉。中式的灯具多以镂空或雕刻的木材、藤编织为主,显得宁静古朴。其中仿羊皮灯的光线十分柔和,色调温馨,装在家里,会给人一种温馨、宁静的感觉。圆形的灯大多是装饰灯,在家里起画龙点睛的作用；方形的灯多以吸顶灯为主,外围配以各种栏栅及图形,显得古朴端庄、简洁大方,颜色多为红、黑、黄（见图 3-32）。

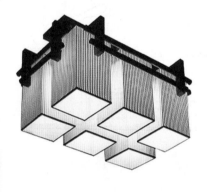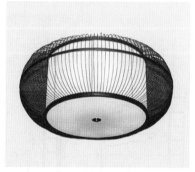

图　3-32

### 2）东南亚风格的灯

东南亚风格装饰是目前日趋流行的风格,这种风格可以说是一种混搭风格。不仅和印度、泰国、印度尼西亚等国的装饰风格相关联,还吸收了中式风格元素,颜色有深色系与浅色系两种。在材质上,东南亚风格灯具会大量运用麻、藤、竹、草、原木、海草、椰子壳、贝壳、树皮、砂岩石等天然的材料,营造一种充满乡土气息的效果。在色彩上,为了吻合东南亚风格的装修特色,灯具颜色一般多以深木色为主（见图 3-33）。

## 3．现代风格灯具

简约、追求时尚、注重节能、经济实用,是现代灯的最大特点。其材质一般采用具有金属质感的铝材、铁艺、特色的玻璃等,在设计与制作方面大力地运用现代科学技术,将古典造型与时代感相结合,有着非常丰富的外观和造型,色调上以白色、金属色居多,更适合与简约现代的装饰风格搭配（见图 3-34）。

🏮 图 3-33

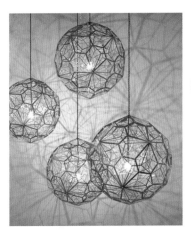

🏮 图 3-34

## 第四节 织物制品

织物类的家居陈设有：床上用品，如被套、枕套、床单、床罩等；家具布，如台布、桌布、沙发套、椅套等；室内用品，如窗帘、靠枕、地毯、挂毯等；盥洗室用品，如餐巾、茶巾、毛巾、浴巾、垫毯等。其材质可分为棉花、亚麻、毛、丝绸、纱、人造纤维等。下面只介绍部分织物类的家居陈设。

### 1. 床上用品

床上用品是家纺的重要组成部分，包括被套、枕套、床单、床罩等（见图 3-35），一般以纯棉面料较为舒适，分单色与花色，目的是能体现不同的风格。

🏮 图 3-35

### 2. 桌布

近年来,由于国内生活水平的提高,人们开始追求生活品质,布艺桌布被越来越多地采用,虽然布艺桌布从实用性方面来讲有易脏的缺点,但随着热衷于西餐的新兴人群的不断增加,人们的用餐方式也在慢慢地发生变化,一块适合个人风格的布艺桌布已成为这些人群生活的一部分,见图3-36。

图 3-36

### 3. 沙发套

沙发套花色清新,造型别致,款式时尚,低碳环保,保养方便,而且可以随自己的心情更换不同的色彩,深受大众的喜爱(见图3-37和图3-38)。

图 3-37

图 3-38

### 4. 窗帘

窗帘是用布、竹、苇、麻、纱、塑料、金属等材料制作的遮蔽或调节室内光照的挂在窗上的帘子。随着窗帘的发展,它成为居室不可缺少的功能性和装饰性完美结合的室内装饰品。窗帘种类繁多,常用的品种有:卷帘、窗纱、直立帘、罗马帘、木竹帘、铝百叶、布窗帘、纱窗帘、无缝纱帘、遮光窗帘、隔音窗帘、立式移帘。现代窗帘,既可以减光、遮光,以适应人对光线不同强度的需求;有的又可以防火、防风、除尘、隔热、防紫外线、保暖、消声来改善居室的温度与环境,见图3-39。因此,装饰性与实用性的巧妙结合,是现代窗帘的最大特色。

图 3-39

窗帘的不同款式与花色,可以营造与修饰不同风格的空间,窗帘的选择要参照地面与主体家具陈设的色调而定,可以找相似的同类色彩,也可以选择互补色进行搭配。例如,室内总体是米黄色调,窗帘便可以选择浅咖啡色,也可以选择浅蓝色。总体而言是根据不同居室的特点,选取不同"品格"的颜色,强调"协调"美。

### 5. 靠枕、抱枕

靠枕、抱枕是家居生活中常见的用品,类似枕头,一般仅有枕头大小的一半,抱在怀中可以起到保暖舒适的作用,同时带给家居环境一种温馨的感觉。

抱枕按制作的材料还可分为棉质的、桃皮绒的、蚕丝的等。不同材料的抱枕给人的感觉不一样。纯麻面料的抱枕具有很好的吸湿性和透气性,高档的真丝香云纱抱枕,更是抱枕中用料的极品,带给人一种丝滑、凉爽的感觉。

不同颜色的抱枕与图案可以营造不同的风格氛围,起到强调效果的作用。一般中式风格多用丝绸面料,再配上绣有梅、兰、竹、菊等的花色图案,见图 3-40;简欧风格的抱枕较多用卷草纹的绒布,或四方有连续的几何纹的面料,见图 3-41;东南亚风格的较多应用棉布、亚麻布艺制品,在装饰图案上采用亚热带植物的花叶、动物,在此基础上再融合东方与西方的装饰纹样,形成自己独特的风格元素,见图 3-42;地中海风格的抱枕会使用一些帆船、舵、浆、海塔等海洋元素;而现代简约风格搭配的抱枕形式花样较多,有动物、植物、人物、抽象几何等图案,见图 3-43。

图 3-40

图 3-41

### 6. 地毯

地毯是以棉、麻、毛、丝、草、纱线等天然纤维或化学合成纤维类原料,经手工或机械工艺进行编结、栽绒或纺织而成的地面铺设物,它是世界范围内具有悠久历史传统的工艺美术品之一,覆盖于住宅、宾馆、酒店、会议室、娱乐场所等的地面,有减少噪声、隔热和装饰的效果。住宅内部使用区域为卧室、书房、客厅。地毯按成品的材质可分为纯羊毛地毯、真皮地毯、化纤地毯、藤麻地毯、塑料橡胶地毯等。软装设计师在选择地毯时，必须从室内装饰的整体效果入手，注意从环境氛围、装饰格调、色彩效果、家具样式等多方面考量。

🌀 图　3-42

🌀 图　3-43

以下是常用的不同风格的地毯。

（1）东方风格的地毯：图案往往具有装饰性强、色彩优美、民族地域特色浓郁的特点，比如，梅兰竹菊、岁寒三友、五福图、平安吉祥等题材，配以云纹、回纹、蝙蝠纹等图案，这种地毯多与中式风格的家具相搭配（见图 3-44）。

🌀 图　3-44

（2）欧洲风格的地毯：多以大马士革纹、佩斯利纹、欧式卷叶、动物、风景等图案构成，立体感强、线条流畅、节奏轻快、质地淳厚的画面，非常适合与西式家具相配套，能打造西式家庭独特的温馨意境和不凡效果（见图 3-45 和图 3-46）。

🌀 图　3-45

🌀 图　3-46

（3）现代风格的地毯：多采用几何、花卉、风景等抽象图案，色彩丰富，能与现代家具有机地结合（见图 3-47）。

🌀 图　3-47

## 第五节　装饰画

### 1．装饰画的概念

装饰画的起源可以追溯到新石器时代彩陶器身上的装饰性纹样，如动物纹、人纹、几何纹，都是经过夸张变形、高度提炼的图形。

装饰画在室内装饰中起着很重要的作用，软装设计师要具备适当的装饰画知识，认识和熟悉各种画品的历史、色彩、工艺和装裱方式，能熟练掌握各种特性的装饰画的运用技巧和陈设方式，并通过合理的搭配和选择，将合适的画品用到合适的地方。本节主要通过对中国画、西方油画、特殊工艺画的分析，总结出装饰画的应用技巧。

### 2．常见绘画的类别

（1）中国画。主要是绘制在绢、帛、宣纸上。作画题材主要有人物、花鸟、山水三种，分为工笔和写意两种方式。中式风格绘画具有人文气息，带有写意风格，显得古香古色（见图3-48）。

🎨 图　3-48

（2）水彩、水粉画。水彩画色彩透明，适合制作风景等清新明快的小幅画作，画风过渡柔和、甜美（见图3-49）。水粉画是使用水调和粉质颜料

绘制而成的一种画，其表现特点为处于不透明和半透明之间，色彩可以在画面上产生艳丽、柔润、明亮、浑厚的艺术效果（见图3-50）。

🎨 图　3-49

🎨 图　3-50

（3）油画。画面所附着的颜料有较强的硬度，当画面干燥后，能长期保持光泽。凭借颜料的遮盖力

和透明性能可以较充分地表现描绘对象。油画的色彩丰富,立体质感强,常见的有风景油画、静物油画、建筑油画、人物油画、抽象油画等(见图3-51)。

图 3-51

(4)漆画。漆画是以天然大漆为主要材料的绘画,除漆之外,还有金、银、铅、锡以及蛋壳、贝壳、石片、木片等。它既是艺术品,又是实用装饰品,成为壁饰、屏风和壁画等的表现形式(见图3-52和图3-53)。

图 3-52

(5)其他。其他绘画类别还有动感画、烙画、镶嵌画、摄影画、挂毯画、丙烯画、铜版画、玻璃画、竹编画、抽纱画、剪纸画、木刻画、绳结画、磨漆画等。

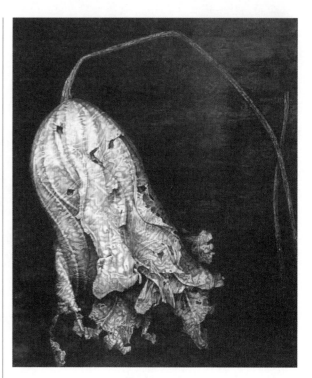

图 3-53

### 3. 装饰画在风格家居中的体现

(1)中式装修风格的房间最好选择国画、水彩画等,图案以传统的写意山水、花鸟鱼虫为主。

(2)欧式装修风格的房间适合搭配油画作品,纯欧式装修风格适合西方古典油画,别墅等高档住宅可以考虑选择一些肖像油画,简欧式装修风格的房间可以选择一些印象派油画,田园装修风格则可配花卉题材的油画。

(3)现代的装修适合搭配一些印象、抽象类油画与写意山水,后现代等前卫时尚的装修风格则特别适合搭配一些具有现代抽象、个性十足的装饰画。

## 第六节 装饰品与绿化

### 一、装饰品

装饰品是可以起到修饰美化空间作用的物品,艺术类的装饰品通常是指构思巧妙、内涵深刻、能反映作者审美观和艺术技巧的作品,它是装饰、装潢、美化环境、陶冶情操的摆设,具有较高的观赏价值和收藏价值。装饰品的种类繁多,有陶艺、玻璃、琉璃、水晶、金属铁艺类、树脂、木雕及根雕工艺品、石膏等(见图3-54和图3-55)。

图 3-54

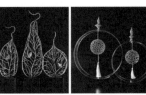

图 3-55

## 二、绿化陈设

　　室内绿化和花艺是装点生活的艺术,是将花、草等植物经过构思、制作而创造出的艺术品,在家庭装饰中,花艺设计是一门不折不扣的综合性艺术,其质感、色彩的变化对室内的整体环境起着重要的作用(见图 3-56)。

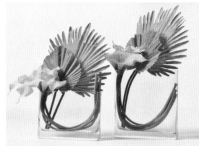

图 3-56

### 1．家庭花艺的主要功能

1）柔化空间、增添生气

树木绿植的自然生机和花卉千娇百媚的姿态，给居室注入了勃勃生机，使室内空间变得更加温馨自然，它们不但柔化了金属、玻璃和实木组成的室内空间，还将家具和室内陈设有机地联系起来。

2）组织空间、引导空间

采用绿植陈设空间，可以起到分隔、引导、突出空间的作用，填充空间界面；若用花艺分隔空间，可使各个空间在独立中见统一，达到似隔非隔、相互融合的效果。

3）抒发情感、营造氛围

室内绿化和花艺陈设可以反映出主人的性格和品位，比如室内装饰的主题材料以兰为主题，则能表现主人格调高雅、超凡脱俗的性格；以玫瑰为装饰，可以表现浪漫的情怀；以牡丹、芙蓉为装饰，可以体现富贵华丽；以百合为装饰，可以体现清丽脱俗。

4）美化环境、陶冶性情

植物经过光合作用后可以吸收二氧化碳，释放出氧气，在室内合理摆设，能营造出仿佛置身于大自然之中的感觉，可以起到放松精神、缓解生活压力、调节家庭氛围、维系心理健康的作用。

### 2．空间花艺布置原则

家居花艺的陈列、创意与设计，主要包含客厅、卧室、餐桌、书房、厨卫以及阳台等空间。设计师在进行家居花艺陈列设计时，需要遵循在不同的空间中进行合理、科学的"陈列与搭配"，目的是打造一种温馨幸福的生活氛围。每个家居空间的花艺均有一定的设计原则。

（1）从空间的"局部—整体—局部"角度出发，对室内家居进行空间结构规划。

（2）针对家居的整体风格及色系，进行花艺的色彩陈列与搭配。

（3）必须懂得运用花艺设计的技巧，将家居花艺的细节贯穿于室内设计，保持整体家居陈设的统一协调。

（4）要进行主题创意，使花艺与陶瓷、布艺、地毯、壁画、家具拥有连贯性，在美化家居环境的同时，可以提升家居陈设的质量。

### 3．室内绿化的布置方式

室内绿化的布置在居室空间，应根据不同功能空间并结合植物的生长特性，从平面和垂直两方面进行考虑，从而形成立体的绿色环境。布置方式可分为：

（1）处于重要地位的中心位置，如大厅中央。

（2）处于较为主要的关键部位，如出入口处。

（3）处于一般的边角地带，如墙边角隅。

（4）结合家具、陈设等布置绿化。

（5）垂直绿化。

（6）沿窗布置绿化。

### 4．室内植物的选择

室内的植物选择是双向的，一方面对室内来说，是选择什么样的植物较为合适；另一方面对植物来说，应该有什么样的室内环境才能适合生长。因此，在设计之初，就应该和其他功能一样，拟订出一个"绿色计划"，见图 3-57 中列举的植物一般较适合住宅空间陈设摆放，除此之外，可以选择以下植物。

（1）木本植物：比如印度橡胶树、垂榕、蒲葵、假槟榔、苏铁、诺福克南洋杉、三药槟榔、棕竹、金心香龙血树、银线龙血树、象脚丝兰、山茶花、鹅掌木、棕榈、广玉兰、桂花、栀子、海棠。

（2）草本植物：比如龟背竹、海芋、金皇后、银皇帝、广东万年青、白掌、火鹤花、菠叶斑马、金边五彩、斑背剑花、虎尾兰、文竹、蟆叶秋海棠、非洲紫罗兰、白花呆竹草、水竹草、兰花、吊兰、水仙、春羽。

（3）藤本植物：比如大叶蔓绿绒、黄金葛（绿萝）、薜荔、绿串珠。

（4）肉质植物：比如彩云阁、仙人掌、长寿花。

（5）观赏类植物：比如龟背竹、棕竹、吊兰、君子兰等，宜放在温度较低、光照较少的北窗或北向室内。月季、米兰、茉莉、茶花等喜光照的花木，则宜布置在朝南的室内。东西向的居室，则宜选择杜鹃、含笑、万年青等半耐阴的品种。如在阳台上的盆栽，一般选择喜光照、耐干旱、耐温热，又具有较高观赏价值的石榴、菊花、月季、榕树等。

### 5．器皿选择

美化室内环境的盆栽器皿，除注意与所植花卉相协调外，对盆钵的形状、质地、色彩及表面字画均应有所选择。花架的式样造型有古色古香的木制架、博古式花架、板式花架、金属结构花架、三角形花架等,选用前应注意与所放盆栽、盆景、居室空间及情调的和谐。

| 水仙 | 君子兰 | 虎尾兰 | 吊兰 |
| 常春藤 | 绿萝 | 文竹 | 棕竹 |
| 芦荟 | 万年青 | 仙人掌 | 龙舌兰 |

图 3-57

课后作业

　　收集不同风格的家具陈设样品,了解材质材料、面料、造型特征、数据尺寸等相关信息。

# 第四章　室内设计与人体工程学

**教学目的：**对人体的尺寸有一定的了解，从而更好地应用到室内设计中。

**教学要求：**掌握各个室内空间的家具、人们活动范围的数据。

## 第一节　人体工程学概述

人体工程学是近数十年发展起来的新兴综合性学科，现代室内环境设计日益重视人与物和环境间的关系，具体表现在人与家具、人的活动区域与人居住的舒适度方面。本节主要探讨人体工程学在室内设计中的应用，为室内设计提供借鉴。

### 一、人体工程学的概念

人体工程学也叫人机工程学、人类工效学、人类工程学、工程心理学等。在室内环境中它主要研究人和家具设备及环境的相互作用；研究人在工作、生活中怎样统一考虑工作效率、人的健康、安全和舒适等问题。

### 二、人体工程学的发展

人体工程学起源于英国，形成于美国，早先是应用在工业社会的机械生产，后期渗透到空间技术、日常生活用品和建筑设计中。1960年创建了国际人体工程协会。

在建筑室内环境设计中，人体工程学起着至关重要的作用。室内设计的主要目的是要创造有利于人们身心健康和安全舒适的工作、生产和生活、休息的良好环境。而人体工程学就是为这一目的服务的一门系统学科。要创造这样一种环境，主要采用科学的手段，主要包括关于人体尺度和人类生理及心理要求两个方面。这两个方面各国都有自己合理的数值系列及判断资料。除此之外，还有一个相关的问题，就是人体空间的构成，它包括以下三方面。

#### 1. 体积

所谓体积就是人体活动的三维范围，这个范围每个国家、民族以至每个人之间的人体尺度测量标准不尽相同，因此决定了三维空间量的差异。所以人体工程学所采用的数值都是平均值，此外还有偏差值，以供设计人员参考使用。

#### 2. 位置

所谓位置，是指人体在室内的"静点"，个人与群体的生活习俗以及生产方式和工作习惯与静点的确定有直接关联，它主要取决于"视觉定位"。由于中西方差距较大，定位也会受到影响。另外，人对生活、工作环境的不同需求，也会对定位产生很大的影响，所以定位又有一定的弹性。

#### 3. 方向

所谓方向是指人的"动向"，这种动向受生理和心理两方面的制约。

## 第二节 人体工程学在室内设计中的应用

### 一、人体工程学与室内空间的关系

（1）这种关系是确定人们在室内活动时所需空间的主要依据，根据人体工程学中的有关计测数据，从人的尺度、动作域以及人际交往的空间等方面来考虑，以确定空间范围。

（2）这种关系是确定家具、设施的形体、尺寸及其使用范围的主要依据，家具设施为人所使用，因此它们的形体、尺寸必须以人体尺寸为主要依据。同时，人们为了使用这些家具和设施，其周围必须留有活动和使用的最小空间。

（3）这种关系提供适应人体的室内物理环境的最佳参数。室内物理环境主要有室内热环境、声环境、光环境、重力环境、辐射环境等，室内设计时有了这些科学的参数后，在设计时就会有正确的决策。

（4）这种关系对视觉要素的计测为室内视觉环境设计提供科学依据，人眼的视力、视野、光觉、色觉是视觉的要素，人体工程学通过计测得到的数据，对室内光照设计、室内色彩设计、视觉最佳区域等提供了科学的依据。

### 二、室内空间的尺寸

#### 1. 门厅的设计和尺寸

（1）当鞋柜需要布置在户门一侧时，要确保门侧墙垛有一定的宽度：摆放鞋柜时，墙垛净宽度不宜小于 0.4m。

（2）综合考虑相关家具布置及完成换鞋更衣等动作，门厅的开间宽度不宜小于 1.5m，面积不宜小于 2m²。

#### 2. 客厅空间的设计要点

（1）客厅的采光口宽度应以不小于 1.5m 为宜。

（2）客厅的家具一般沿两条相对的内墙布置，设计时要尽量避免开向起居室的门过多，应尽可能提供足够长度的连续墙面供摆放家具，起居室内布置家具的墙面直线长度应大于 3m；如若不得不开门，则尽量相对集中布置。

（3）在不同平面布局的套型中，客厅面积的变化幅度较大。其设置方式大致有两种情况：相对独立的客厅和与餐厅合而为一的起居室。在一般的两室、三室的套型中，其面积指标如下。

① 客厅相对独立时，使用面积一般在 15m² 以上。

② 当客厅与餐厅合为一时，二者的使用面积控制在 20 ～ 25m²；或共同占套内使用面积的 25% ～ 30% 为宜。

（4）客厅具体的参照尺寸（单位：mm），见图 4-1 ～图 4-5。

① 室内门。

宽度为 860 ～ 950，高度为 2100。

② 沙发。

单人式：长度为 860 ～ 1000，深度为 600 ～ 800，坐垫高为 400 ～ 450，背高为 700 ～ 900。

双人式：长度为 1570 ～ 1720，深度为 600 ～ 800。

三人式：长度为 2280 ～ 2440，深度为 600 ～ 800。

③ 茶几。

小型、长方形：长度为 600 ～ 750，宽度为 450 ～ 600，高度为 380 ～ 500。

中型、长方形：长度为 1200 ～ 1350，宽度为 380 ～ 750。

正方形：长度为 750 ～ 900，高度为 430 ～ 500。

圆形：直径为 750、900、1050、1200，高度为 330 ～ 420。

方形：宽度为 900、1050、1200、1350、1500，高度为 330 ～ 420。

④ 电视柜。

深度为 450 ～ 600，高度为 600 ～ 700。

⑤ 矮柜。

深度为 500 ～ 650，高度为 500 ～ 600，长度为 500 ～ 650。

#### 3. 餐厅的尺寸

（1）3 ～ 4 人就餐，开间净尺寸不宜小于 2.7m，使用面积不应小于 10m²。

（2）6 ～ 8 人就餐，开间净尺寸不宜小于 3m，使用面积不应小于 12m²。

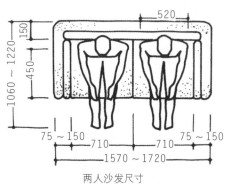

两人沙发尺寸

图 4-1

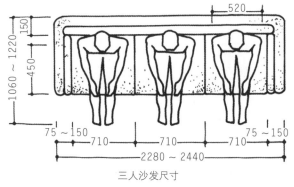

三人沙发尺寸

图 4-2

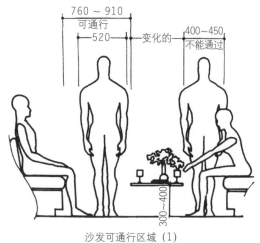

沙发可通行区域（1）

图 4-3

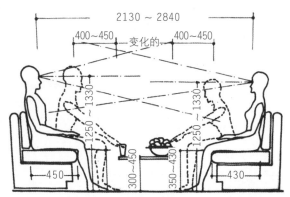

沙发交流区域

图 4-4

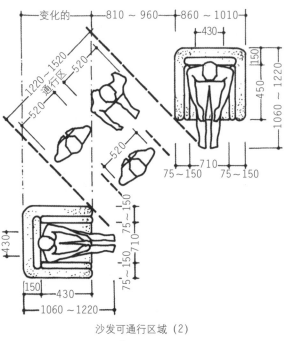

沙发可通行区域（2）

图 4-5

（3）餐厅的可通行区域应在 760 ~ 1200mm 以上。

（4）餐厅家具的尺寸（单位：mm），见图 4-6 ~ 图 4-11。

方桌：宽度为 750 ~ 1200，高度为 680 ~ 780。

长桌：宽度为 800 ~ 1300，长度为 1500 ~ 2400，高度为 680 ~ 780。

圆桌：直径为 900 ~ 1800。

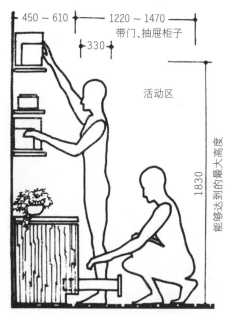

人活动于餐厅时与柜子的距离

图 4-6

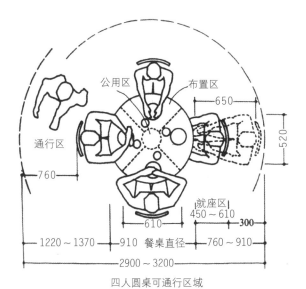

四人圆桌可通行区域

**图 4-7**

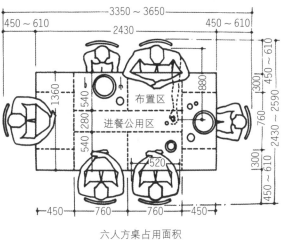

六人方桌占用面积

**图 4-10**

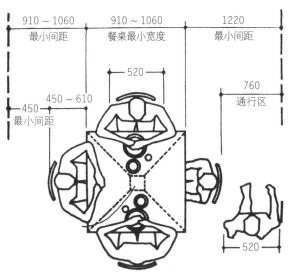

四人方桌可通行区域

**图 4-8**

餐桌立面采光与可通行区域

**图 4-11**

### 4. 卧室

卧室在套型中扮演着十分重要的角色。一般人的一生中有近 1/3 的时间处于睡眠状态中，拥有一个温馨、舒适的主卧室是不少人追求的目标。依据现代家庭的需要：卧室可分为主卧室、儿童房、老人房、保姆房、客房。卧室应有直接采光、自然通风。卧室空间尺度比例要恰当，一般开间与进深之比不要大于 1:2。

1）主卧室的家具布置

（1）床作为卧室中最主要的家具，双人床应居中布置，满足两人不同方向上下床的方便及铺设、整理床褥的需要。

（2）主卧室开间净尺寸可参考以下数据来确定：双人床长度为 2100 ~ 2200mm，电视柜或矮柜宽度为 350 ~ 600mm，通行宽度应在 600mm 以上，

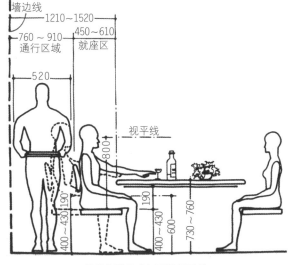

餐桌立面尺寸与可通行区域

**图 4-9**

两边踢脚宽度和电视后插头突出等引起的家具摆放缝隙所占宽度在100～150mm。

（3）床的边缘与墙或其他障碍物之间的通行距离不宜小于600mm。考虑到方便两边上下床、整理被褥、开拉门取物等动作，该距离最好在600～900mm。当照顾到穿衣动作的完成时，如弯腰、伸臂等，其距离应保持在1200mm以上，可参考图4-12～图4-14。

2）次卧室的尺寸

（1）次卧室功能具有多样性，设计时要充分考虑多种家具的组合方式和布置形式，一般认为次卧室房间的面宽不要小于2.7m，面积不宜小于10m²。

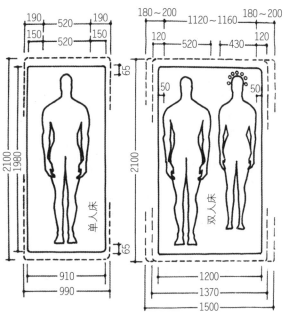

卧室单人床与双人床的尺寸

🌐 图　4-12

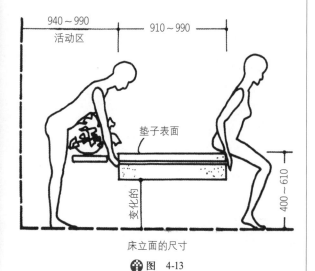

床立面的尺寸

🌐 图　4-13

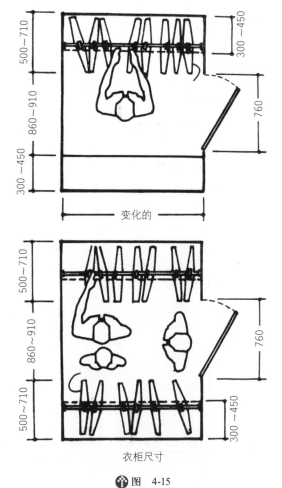

床与柜子之间活动的区域

🌐 图　4-14

（2）当次卧室用作老年人房间，尤其是两位老年人共同居住时，房间面积应适当扩大，面宽不宜小于3.3m，面积不宜小于13m²。

（3）卧室家具设计的基本尺寸（单位：mm）如下。

衣橱：深度一般为600～650，衣橱门宽度为400～650，见图4-15。

衣柜尺寸

🌐 图　4-15

推拉门：宽度为 750 ~ 1500,高度为 1900 ~ 2400。

电视柜：深度为 450 ~ 600,高度为 600 ~ 700。

矮柜：深度为 350 ~ 450,柜门宽度为 500 ~ 600。

单人床：宽度为 900 ~ 1200,长度为 2000 ~ 2100。

双人床：宽度为 1500 ~ 1800,长度为 2100 ~ 2200。

圆床：直径为 1860 ~ 2400。

### 5. 书房的尺寸

1) 书房的面宽

在一般住宅中,受套型总面积、总面宽的限制,考虑必要的家具布置,兼顾空间感受,书房的面宽一般不会很大,一般在 2600mm 以上。

2) 书房家具尺寸（单位：mm）（见图 4-16）

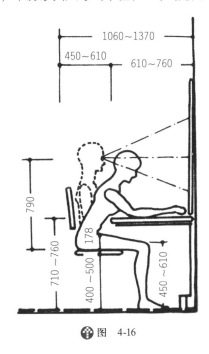

🔀 图 4-16

（1）书桌。

固定式：深度为 450 ~ 700（600 为最佳）,高度为 750。

活动式：深度为 650 ~ 800,高度为 750 ~ 780。

书桌下缘离地至少为 580；长度最少为 900（1500 ~ 1800 为最佳）。

（2）书架。深度为 250 ~ 400（每一格）,长度为 600 ~ 1200。下大上小型书架,下方深度为

350 ~ 450,高度为 800 ~ 900。

（3）高柜。深度为 450,高度为 1800 ~ 2000。

### 6. 厨房的类型

可以将厨房按面积分成三种类型,即经济型、小康型、舒适型。

1) 经济型厨房

经济型厨房面积应在 5 ~ 6m²,厨房操作台总长不小于 2.4m。单列和 L 形设置时,厨房净宽不小于 1.8m,双列设置时厨房净宽不小于 2.1m；冰箱可放入厨房,也可置于厨房附近或餐厅内。

2) 小康型厨房

小康型厨房面积应在 6 ~ 8m²,厨房操作台总长不小于 2.7m。L 形设置时厨房净宽不小于 1.8m；双列设置时厨房净宽不小于 2.1m。冰箱尽量放入厨房。

3) 舒适型厨房

舒适型厨房面积应在 8 ~ 12m²,厨房操作台总长不小于 3.0m。双列设置时厨房净宽不小于 2.4m；冰箱放入厨房,并能放入小餐桌,形成 DK 式厨房（指用餐与操作灶台合用同一空间的厨房）。

建议经济适用型住宅采用经济型厨房面积,一般住宅采用小康型厨房面积,高级住宅、别墅等采用舒适型厨房面积。厨房的内部相关尺寸（单位：mm）可以参考图 4-17 ~ 图 4-20。

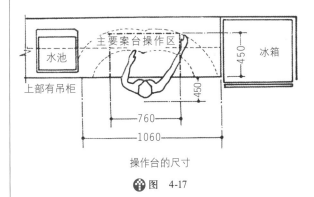

操作台的尺寸

🔀 图 4-17

### 7. 卫生间设备及布置

1) 卫生间主要设备布置

坐便器的前端到前方门、墙或洗脸盆（独立式、台面式）的距离应保证在 500 ~ 600mm,以便站起、坐下、转身等动作能比较自如,左右两肘撑开的宽度为 730mm,因此坐便器的最小净面积尺寸应为 800mm×1200mm,见图 4-21,洗脸池与可通行区尺寸详见图 4-22。

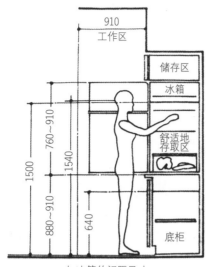

与冰箱的间距尺寸

图 4-18

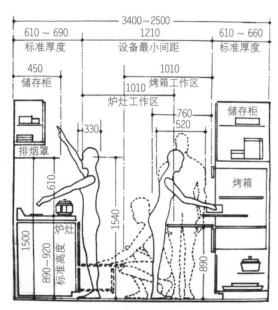

厨房整体活动的尺寸

图 4-19

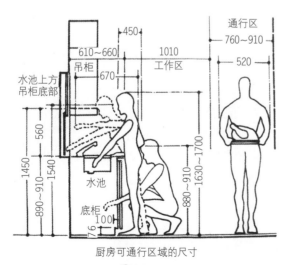

厨房可通行区域的尺寸

图 4-20

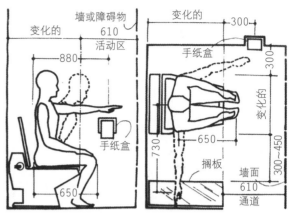

马桶蹲位的尺寸

图 4-21

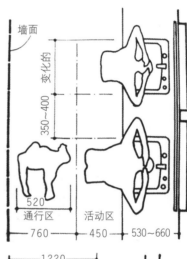

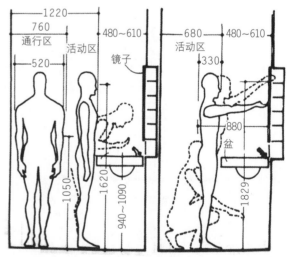

洗脸池与可通行区的尺寸

图 4-22

2）卫生间平面尺寸

（1）三件套（浴盆或淋浴房、便器、洗脸盆）
卫生间平面尺寸由于把三件洁具紧凑布置，可充分
利用共用面积，一般面积比较小，在 3.5～5m²。

（2）四件套（浴盆、便器、洗脸盆以及洗衣机或淋浴房）卫生间四件套所需要的平面面积一般在5.5～7m²。

---

*课后作业*

对身边的家具进行详细的测量，绘制出平面与立面的图纸。课外收集并记录不同场所的家具及设施的尺寸。

# 第五章　室内空间组织和界面处理

教学目的：掌握室内设计空间组织和界面处理的方法，提高空间感与设计感。

教学要求：了解室内空间的组织、空间的界面设计，掌握其方法。

## 第一节　室内空间组织

### 一、室内空间的组织概念

组合室内空间是结合建筑功能要求进行整体的筹划，从整体到分割的单体空间进行有序列的组织，表现在对空间的大小、能容纳的家居物体进行排序，形成室内空间与家居陈设之间的有机联系，在功能和美学上达到协调和统一，这也是室内空间设计的基础。举例来说，客厅是由成套的沙发、茶几、地毯、灯具、电视机、电视柜、窗帘等陈设组合而成的空间，是给人们提供休闲、会客、聚会、视听的功能区域。室内空间的组合形式有很多种，常见的有轴线对称式、集中组合式、辐射式。

#### 1. 轴线对称式

这种组合方式由轴线对空间进行定位，并通过轴线关系将各个空间有效地组织起来；每个空间也可以有自己的轴线，并依据轴线来摆设家具，这样可以有序地起到引导作用，使室内空间关系清晰有序。另外，一个室内空间中的轴线可以有一条或多条，多条轴线之间要有主次之分。

#### 2. 集中组合式

集中组合式布局通常是一种稳定性的向心式构图，它由一定数量的家居陈设围绕一个大的占主导地位的中心空间构成，处于中心主导的空间一般为相对规则的形状。

#### 3. 辐射式

这种空间组合方式兼有集中式和分散的特征。由一个中心空间和若干呈辐射状扩展的串联家居物体组合而成。辐射式组合空间通过现行的分支向外伸展。

具体设计方法如下。

按照空间的功能划分，首先定位整体的风格、搭配的色彩与家具陈设样式。这些确定后再对每间室内空间界面的顶棚、墙面、地面进行装修装饰设计。在室内空间方面最好能将软装与硬装相互结合，应用家具陈设在空间上的组合、分割、延续、对比、装饰等形式来布局设计。

### 二、空间的分隔与联系

室内空间的组合，从某种意义上讲，是根据不同使用目的，对空间在垂直和水平方向进行各种各样的分隔和联系，通过不同的分隔和联系方式，为人们提供良好的空间环境，满足不同的活动需要。良好的分隔对整个空间设计效果有着重要的意义，可以反映出设计的风格和特色。

空间的分隔方式具体来说有以下几种处理方法。

#### 1. 绝对分隔

绝对分隔是用到顶的承重墙或轻质隔断墙分

隔空间。这种分隔限定度高,分隔界限明确,封闭性强,与外界缺乏交流。

**2. 局部分隔**

局部分隔是利用屏风、较高的柜子等家具阻隔空间,但又不完全封闭空间,让空间的采光有透气的感觉。常见于传统的设计布局中。

**3. 象征分隔**

象征分隔是采用玻璃、绿化、色彩、材质、高差、悬垂物等因素分隔空间,在空间划分上体现了隔而不断的效果。这种分割方式体现在现代家居设计中居多。这种分隔方式对空间的限定程度较低,空间界面模糊,具有象征性分隔的心理作用,在空间分割上是似隔非隔,层次感丰富,意境深远。

**4. 弹性分隔**

弹性分隔是利用折叠式、升降式等活动,以及隔断和帘幕等家具陈设来分隔空间,可以根据使用要求来关闭或移动,空间也就随之可分可合,自由舒张。这种分隔可随时改变或移动,室内空间也随之或分或合,或大或小,这种分隔方式即称为弹性分隔。

**5. 虚拟分隔**

虚拟分隔是在同一个空间中利用家具、地毯、顶棚的不同摆放与独立设计而形成两个空间的感觉。这种设计手法通常适用于空间较小或是开敞式的格局中。

### 三、空间的过渡和引导

空间的过渡或称过渡空间,是根据人们日常生活的需要提出来的,比如当人们进入自己的家庭时,都希望在门口有鞋柜可以放置鞋子,或者为了不直观地看到主人家的客厅,在玄关处放置屏风。空间的过渡作为一种艺术手段,起到空间的引导作用。把其处理得含蓄、自然、巧妙,使人于不经意中沿着一定的方向或路线从一个空间依次地走向另一个空间,大大丰富了空间的趣味性。常见的空间引导和暗示手法如下。

(1)借助楼梯或踏步。
(2)利用空间的灵活分隔。
(3)利用空间界面的处理产生一定的导向性。

### 四、空间的渗透与层次

空间通透、开敞会使其具有流动感,彼此之间

相互渗透,大大增加了空间的层次感。空间的渗透与层次包括内外空间之间、内部空间之间的渗透与层次。这些能表现空间的开放性和私密性的关系以及空间性格的关系。获得空间的渗透与层次的方法有以下几种。

(1)用点式结构来分隔空间。
(2)用透光的隔断来分隔空间。
(3)用玻璃、织物等半透明材料来分隔空间。

### 五、空间的对比与变化

两个毗连的空间,在形式方面处理手法不同,将使人从这一空间进入另一空间时产生情绪上的突变,从而获得兴奋的感觉。在建筑空间设计中能巧妙地利用室内空间及家具功能性的特点,在组织空间时有意识把形状、体量、方向、通透程度等方面差异较大的空间连接在一起,将会因对比而产生一定的空间效果。在具体设计中,经常采用以下几种对比手法。

(1)体量的对比。
(2)形状的对比。
(3)通透程度对比。
(4)方向的对比。

## 第二节　室内空间界面的设计

### 一、室内空间界面的构成

室内空间界面,即围合成室内空间的地面、墙面和顶棚。室内空间是建筑空间环境的主体,建筑依赖室内空间来体现它的使用性质。

**1. 顶面**

顶面可以考虑设计木制或者石膏板吊顶,还可以结合造型、灯具来丰富空间感,一般常见的造型有单向走道式、以中心为主的辐射式、自由式、关联式、构架式、穹顶式、斜面式、藻井式等(见图5-1～图5-5)。

**2. 墙面**

墙面是划分空间的物体,分承重与非承重墙,在室内空间界面中可以设计得最丰富,例如贴壁纸装饰、软包、装饰面板、玻璃镜面等都能达到不同的设计风格与效果(见图5-6～图5-9)。

图 5-1

图 5-3

图 5-2

图 5-4

图 5-5

图 5-6

图 5-7

图 5-8

图 5-9

### 3. 地面

地面可以分为水平基面、抬高基面和降低基面三大类,地面使用的材质有砖、大理石、木材、地毯等(见图 5-10 ~ 图 5-12)。

图 5-10

图 5-11

图 5-12

## 二、室内界面的设计要求

室内界面的设计要求如下。

（1）耐久性及使用期限。

（2）耐燃及防火性能。

（3）无毒性。

（4）无放射性。

（5）易于制作、安装和施工。

（6）隔热保暖、隔声吸声性能。

（7）符合装饰及美观要求。

（8）符合相应的经济要求。

各类界面的特殊要求包括：

（1）楼地面应当耐磨、防滑、易清洁、防静电。

（2）墙面、隔断应当符合遮景借景等视觉效果，同时满足隔声、吸声、保暖、隔热的要求。

（3）顶面、顶棚应满足质轻、隔声、吸声、保暖、隔热和光反射效果等要求。

## 三、界面的表达形式

对于室内界面的设计，既有功能和技术方面的要求，也有造型和美观上的要求。由材料实体构成的界面,在设计时重点需要考虑造型、色彩图案、材质这三个方面。

### 1. 界面的造型

界面的造型,较多情况是以结构构件、承重墙柱等为依托,以结构体系构成轮廓,形成平面、拱形、折面等不同形状的界面;也可以根据室内使用功能对空间形状的需要,脱开结构层另行考虑。例如,顶棚的设计造型可以有圆形、方形、多边形;墙面的造型可以设计成菱形、方形等。

### 2. 界面的色彩图案

界面上的色彩图案必须从属于室内环境整体气氛要求,起到烘托、加强室内装饰效果的功能。根据不同的空间,图案可以是几何、花卉等,图案的大小、颜色与室内的窗帘、地毯、床上用品织物要相协调。

### 3. 室内界面装饰材料的选用

室内装饰材料的选用直接影响到室内设计整体的实用性、经济型、环境气氛和美观。设计师应熟悉材料质地、性能特点,了解材料的价格和施工操作工艺要求,善于运用当今先进的物质技术手段,为实现设计构思创造坚实的基础。室内装饰材料的质地,根据其特性大致可以分为:天然材料和工业化材料;如木、竹、藤、麻、棉等材料常给人们以亲切感;玻璃、金属、石膏、瓷砖、皮革、软包较有现代感,在视觉与触感上都能让人感受得到硬质、柔软、光泽、粗糙的区别。合理地应用材质是设计与处理界面的关键。

界面装饰材料的选用原则包括:

(1)适应室内使用空间的功能性质。对于不同功能性质的室内空间,需要由相应类别的界面装饰材料来烘托室内的环境氛围,例如卧室、书房需要营造宁静的气氛,客厅、餐厅需要营造轻松、愉悦的气氛。这些气氛的塑造,与界面材料的色彩、质地,光泽、纹理等有密切的关联。

(2)适应建筑装饰的相应部位。不同的建筑部位,相应地对装饰材料的物理化学性能、观感等要求也各有不同。例如外装饰材料应具有较好的耐风化、抗腐蚀性能;踢脚部位应选用强度高、易于清洁的装饰材料。

(3)符合时尚的发展需要。装饰材料的发展日新月异,这要求室内设计师在熟悉各种传统装饰

材料的基础上,了解各种新型材料的特点和用途,并应用于设计之中。

(4)要巧于用材。界面装饰材料的选用,还应注意"精心设计、巧于用材、优材精用、一般材质新用"。装饰标准有高低,即使高标准的室内装饰,也不应是高贵材料的堆砌。

## 第三节 居住室内空间的类型

### 1. 结构空间

通过对外暴露部分的观赏,来领悟结构构思及营造技艺所形成的空间美的环境。具有现代感、力度感、科技感和安全感,常见于工业设计风格中或古民居结构中(见图5-13和图5-14)。

🌐 图 5-13

🌐 图 5-14

### 2. 封闭与开敞的空间

封闭空间是用限定性比较高的围护实体(承重墙、轻体隔墙等)包围起来的,无论是视觉还是听觉等感受都有很强的隔离性,具有领域感、安全感和私密性。一般来说,封闭空间提供了更多的墙面,容易布置家具,但空间变化受到限制,与面积相同

的开敞空间相比,视觉上显得要小。

开敞空间是流动的、渗透的,它可提供更多的室内外景观和扩大视野;开敞空间灵活性较大,便于经常改变室内的布置。开敞的程度取决于侧界面、侧截面的围合程度、开洞的大小及启闭的控制能力。开敞空间具有外向性、限定度,私密性较小,强调与周围环境的交流、渗透,讲究对景、借景,以及与大自然或周围空间的融合(见图5-15和图5-16)。

🌐 图 5-15

🌐 图 5-16

### 3．虚拟空间与虚幻空间

虚拟空间是指没有十分完备的隔离形态,也缺乏较强的限定度,只靠部分形体的启示,依靠联想和"视觉完形性"来划定的空间,所以又称"心理空间"。这是一种可以简化装修而获得理想空间感的空间,它往往是处于母空间中,与母空间流通而具有一定的独立性和领域感(见图5-17)。

🌐 图 5-17

虚幻空间是利用不同角度的镜面玻璃的折射及室内镜面反映的虚像,把人们的视线转向由镜面所形成的虚幻空间。在虚幻空间可产生空间扩大的视觉效果。有时通过几个镜面的折射,使原来平面的物体形成立体空间的幻觉,还可使不完整的紧靠镜面的物件形成完整物件的假象(见图5-18)。

🌐 图 5-18

### 4．地台与下沉空间

地台是室内地面局部抬高的部分。抬高地面的边缘划分出的空间称为"地台空间"。由于地面升高会形成一个台座，在和周围空间相比时十分醒目。现代住宅的卧室或起居室可利用地面局部升高的地台布置床位，产生简洁而富有变化的室内空间形态。在设计过程中可利用降低了的台下空间实现储存、通风换气等功能（见图5-19）。

图 5-19

下沉空间是相对于地台空间的，使人产生一种心理上的层次变化，给人一种隐秘感、保护感和宁静感（见图5-20）。

图 5-20

### 5．动态空间与静态空间

动态空间引导人们从"动"的角度观察周围的事物，设计方法如下：可以利用对比强烈的图案和有动感的线形；光怪陆离的光影，生动的背景音乐；引进自然景物，如水景、花木乃至禽鸟。

静态空间的限定度较强，多为对称空间，趋于封闭型；多为尽端空间，序列至此结束，私密性较强，除了向心、离心以外，较少有其他的倾向，从而达到一种静态的平衡；视线转换应平和，避免强制性引导视线的因素。

### 6．流动空间

流动空间是指空间与空间之间采用家具、绿化、构件等物体进行分隔，形成一种开敞的、流动性极强的空间形式。其主旨是不把空间作为一种消极静止的存在，而是把它看作一种生动的力量。在空间设计中，避免孤立静止的体量组合，而追求连续的运动的空间感。空间在水平和垂直方向都采用象征性的分隔，而保持最大限度的交融和连续，视线通透。有时候，空间与空间之间不用任何物体分隔。在流动空间中，空间与空间可以相互借景。

### 7．共享空间

共享空间又称为波特曼空间，是一种综合性的、多用途的灵活空间。通透的空间充分满足了"人看人"的心理需要。它往往处于大型公共空间内的公共活动中心和交通枢纽，含有多种多样的空间要素和设施，它的空间处理是小中有大、大中有小；外中有内、内中有外，相互穿插交错，极富流动性（见图5-21）。

图 5-21

### 8．凹入与凸出空间

凹入空间是在室内某一墙面或角落局部凹入

的空间。通常只有一面或两面开敞,所以受干扰较少,其领域感与私密性随凹入的深度而加强（见图 5-22）。

如果凹入空间的垂直围护面是外墙,并且开较大的窗洞,便是外凸式空间了。它具有日光室的功能,可以丰富室内的空间造型,增加很多情趣（见图 5-23）。

🎲 图 5-22

🎲 图 5-23

　　理解并学会判断不同空间的特征, 提高处理室内界面与分割的设计手法。

# 第六章　室内装饰与施工材料

**教学目的：** 了解室内装饰与施工材料，学会应用这些材料进行室内装饰装修设计。

**教学要求：** 了解木材、板材、石材、陶瓷、玻璃、涂料、塑料、石膏、金属、壁纸等施工材料的性质及应用。

室内装饰材料是指用于建筑内部墙面、顶棚、柱面、地面等的罩面材料。现代室内装饰材料，不仅能改善室内的艺术环境，使人们得到美的享受，同时还兼有绝热、防潮、防火、吸声、隔音等多种功能，起着保护建筑物主体结构、延长使用寿命以及满足某些特殊要求的作用，是现代建筑装饰不可缺少的一类材料。

整个建筑工程中，室内装饰材料占有极其重要的地位，建筑装饰装修材料是集艺术、造型设计、色彩、美学为一体的材料，也是品种门类繁多、更新周期最快、发展过程最为活跃的一类材料。合理地应用装饰装修材料对美化人们的居住环境和工作环境有着十分重要的意义。从发展现状来看，新材料的研发和使用不断地促进着装饰行业的进步。为避免建筑和装饰材料释放的挥发性有机化合物对环境造成污染，如今绿色、节能、环保成为装饰业的主流，特别是装修时必不可少的漆类装饰材料，例如不含甲醛、芳香烃的油漆涂料等。在满足物质条件的情况下节材、节能、简易装饰与智能化也越来越受消费者的青睐。智能化是将材料和产品的加工制造同以微电子技术为主体的高科技嫁接，从而实现对材料及产品的各种功能的可控与可调，即将成为装饰装修材料及产品的新的发展方向。以下介绍各种装修常用的装饰材料。

## 第一节　木材类

### 1. 橡木

橡木属山毛榉科，树心呈黄褐色至红褐色，生长轮明显，略成波状，质重且硬，我国北至吉林、辽宁，南至海南、云南都有分布，但优质橡木并不多见，仍需要从国外进口。优良用材每立方米近万元，这也是橡木家具价格高的重要原因。

橡木家具的特性如下。

优点：

（1）具有比较鲜明的山形木纹，并且触摸表面有着良好的质感。

（2）档次较高，适合制作欧式家具。

缺点：

（1）优质树种比较少，假如采用进口，价格较高。

（2）由于橡木质地硬沉，水分脱净比较难。未脱净水而制作的家具，过一年半载会开始变形。

### 2. 橡胶木

橡胶木原产于巴西、马来西亚、泰国等。国内产于云南、海南及沿海一带，橡胶木颜色呈浅黄褐色，年轮明显，轮界为深色带，管孔甚少。木质结构粗且均匀，纹理斜，木质较硬。

优点：切面光滑，易胶黏，油漆涂装性能好。

缺点：橡胶木有异味，因含糖分多，易变色、腐朽和虫蛀。不易干燥，不耐磨，易开裂，可轻易弯曲变形，木材加工容易，而板材加工后易变形。

### 3. 水曲柳

水曲柳主要产于东北、华北等地。呈黄白色(边材)或褐色略黄（心材）。年轮明显但不均匀，木质结构粗，纹理直，花纹漂亮，有光泽，硬度较大。水曲柳具有弹性、韧性好、耐磨、耐湿等特点。但干燥困难，易翘曲。加工性能好，但应防止撕裂。切面光滑，易上油漆，胶黏性能好。

### 4. 桦木

桦木属中档木材，实木和木皮都较常见。多产于东北、华北地带。桦木年轮略明显，纹理直且明显，材质结构细腻且柔和光滑，质地较软或适中。桦木富有弹性，干燥时易开裂翘曲，不耐磨。加工性能好，切面光滑，上油漆和胶黏性能好，常用于雕花部件，现在较少用。

### 5. 榉木

榉木为江南特有的木材，纹理清楚，木材质地均匀，色调柔和、流畅。榉木重且坚固，抗冲击，蒸汽下易弯曲，可以制作一些特殊造型，但是易于开裂。

### 6. 斑马木

斑马木又名乌金木，其华美的纹理为人们所欣赏，主要产于亚洲热带和非洲，如印度、印度尼西亚、斯里兰卡、泰国、缅甸、越南、柬埔寨、老挝、马达加斯加、刚果、加蓬等国。我国台湾、海南、云南等地亦有出产。其木质坚韧，不易开裂变形。

### 7. 樱桃木

进口樱桃木主要产自欧洲和北美，木材呈浅黄褐色，纹理雅致，弦切面为中等的抛物线花纹，间有小圈纹。樱桃木也是高档木材，做家具通常是用木皮，很少用实木。

### 8. 樟木

樟木在我国江南各省都有，而台湾、福建盛产。树径较大，材幅宽，花纹美，尤其是有着浓烈的香味，可使诸虫远避。我国的樟木箱名扬中外，其中有衣箱、躺箱（朝服箱）、顶箱柜等诸多品种。唯桌椅几案类在北京居多。旧木器行内将樟木依形态分为数种，如红樟、虎皮樟、黄樟、花梨樟、豆瓣樟、白樟、船板樟等。

### 9. 枫木

枫木分软枫和硬枫两种，属温带木材，国内产于长江流域以南直至台湾，国外产于美国东部。木材呈灰褐色至灰红色，年轮不明显，官孔多而小，分布均匀。枫木纹里交错，结构细而均匀，质轻而较硬，花纹图案优良。轻易加工，切面欠光滑，干燥时易翘曲。油漆涂装性能好，胶黏性强。

### 10. 栎木

栎木俗称柞木，既重又硬，生长缓慢，胶接要求很高，较易在接缝处开裂，心边材区分明显。纹理或直或斜，耐水、耐腐蚀性强，加工难度高，但切面光滑，耐磨损，用油漆着色、涂饰性能良好。国内的家具厂商常采用柞木作为各种家具的原材料。

### 11. 柚木

柚木又称胭脂树、紫柚木、血树等，树皮呈褐色或灰色，枝呈四棱状。柚木是热带树种，是制造高档家具、地板、室内外装饰的材料。柚木号称是缅甸的国宝，所以价格十分昂贵。柚木材质的纹理优美，含有金丝，所以又称金丝柚木。

### 12. 红木

所谓"红木"家具，该名称从一开始就不是某一特定树种的家具，而是明清以来对稀有硬木优质家具的统称。

红木有以下类别。

黄花梨：为我国特有珍稀树种。木材有光泽，具有辛辣滋味；文理斜而交错，结构细而均匀，耐腐蚀。耐久性强，材质既硬又重，强度高。

紫檀：产于亚热带地区，如印度等东南亚地区。我国云南、两广等地有少量出产。木材有光泽，具有香气，久露空气后变紫红或褐色，纹理交错，结构致密，耐腐，耐久性强，材质既硬又重，十分细腻。

花梨木：分布于全球热带地区，主要产地为东南亚及南美、非洲。我国海南、云南及两广地区已有引种栽培。材色较均匀，一般是由浅黄至暗红褐色，可见深色条纹，有光泽，具有稍微或显著的香气，纹理交错，结构细而均匀，耐磨，耐久强，既硬又重，强度高，通常浮于水面。东南亚产的花梨木中，泰国最优，缅甸次之。

酸枝木：主要产地为东南亚国家。木材颜色

不均匀,深色条纹明显。木材有光泽,具有酸味或酸香味,文理斜而交错,密度高,坚硬耐磨。

鸡翅木:分布于全球亚热带地区,主要产地为东南亚和南美,因为有类似"鸡翅"的纹理而得名。木材纹理交错,颜色突兀,生长年轮不明显。

综上所述,"红木"家具的特点如下。

优点:

(1) 颜色较深,多体现出古香古色的风格,用于传统家具。

(2) 一般木材本身都有自身所散发出的香味,尤其是檀木。

(3) 材质较硬,木质较重,强度高,耐磨,耐久性好。

缺点:

(1) 因为产量较少,所以很难有优质树种,质量参差不齐。

(2) 纹路与年轮不清楚,视觉效果不够清新。

(3) 材质较硬,加工难度高,而且较易出现开裂的现象。

(4) 材质比较油腻,高温下易返油。

### 13. 胡桃木

胡桃木属木材中较优质的一种,主要产自北美和欧洲。国产的胡桃木,颜色较浅。黑胡桃木呈浅黑褐色并略带紫色,横切面为漂亮的大抛物线花纹(大山纹)。黑胡桃木非常昂贵,做家具通常用木皮,极少用实木。

### 14. 楠木

楠木是一种极高档的木材,其色呈现为浅橙黄色并略带灰色,纹理淡雅文静,质地温润柔和,无收缩性,遇雨有阵阵幽香。我国南方诸省均出产,不过四川产的最好。明代宫廷曾大量伐用,现北京故宫及京城上乘的古建筑多为楠木构筑。楠木不腐不蛀且有幽香,皇家的藏书楼、金漆宝座、室内装修木材等使用楠木的情况较多。

### 15. 楸木

民间称不结果的核桃木为楸树。楸木色暗、质松软、少光泽,但其收缩性小,一般用来做门芯、桌面芯等。常与高丽木、核桃木搭配使用。

### 16. 核桃木

山西吕梁,太行二山盛产核桃。核桃木是做家具的上乘用材,该木经水磨烫蜡后,会有硬木般的光泽,其质地十分细腻,易雕刻,色泽灰淡柔和。其制品明清都有,大都为上乘之作,可用可藏。其木质特点是拥有细密似针尖状的棕眼并有浅黄细丝般的年轮。

### 17. 松木

松木是一种针叶植物(常见的针叶植物有松木、杉木、柏木),它具有松香味,色淡黄,疤痕多,对大气温度反应快,具有易胀大、极难自然风干等特性,故需经人工处理,如烘干、脱脂并去除有机化合物,经漂白后统一树色,中和树性,使之不易变形。

### 18. 鹅掌木

国内鹅掌木产于长江流域以南各省区,国外鹅掌木产于美国东部及南部各州。边材呈黄白色,芯材呈灰黄褐色或草绿色。年轮略明显,中间呈浅色线,管孔大小一致,分布均匀。纹理交错成一块板,结构细致且均匀,有光泽。鹅掌木易加工,刨削面光滑,干燥快而不易开裂,宜用作雕花件,油漆和胶黏性好。

### 19. 杨木

杨木是我国北方常见的木材,其质地细软,木性稳定,价格低廉,容易获得。常作为榆木家具的附料和大漆家具的胎骨在仿古家具上使用。这里所说的杨木亦称"小叶杨",常有缎子般的光泽,故亦称"缎杨"。

### 20. 杜木

杜木亦称"杜梨木",呈土灰黄色,木质细腻,横竖纹理差别不大,适于雕刻。明清时期多用此木雕刻木板和图章等。

### 21. 柏木

柏木有香味,可以入药,柏子可以安神补心。每当人们步入葱郁的柏林,望其九曲多姿的枝干,吸入那沁人心扉的幽香,联想到这些千年古木耐寒常青的品性,极易使人们的心灵得到净化。柏木色黄、质细、耐水、多节疤,民间多用其制作"柏木筲"。其在木材中的级别是很高的。

图 6-1 所示是部分家装常用的木料。

橡木　　　　水曲柳　　　　桦木　　　　榉木

斑马木　　　　樱桃木　　　　樟木　　　　枫木

栎木　　　　柚木　　　　花梨木　　　　胡桃木

楠木　　　　楸木　　　　核桃木　　　　松木

图 6-1

## 第二节　板材类

装饰板材的种类有细木工板、胶合板、PVC 板材、装饰面板、密度板、刨花板、防火板、石膏板、铝扣板、集成材、生态木、生态板、铝塑板、三维板等。

### 1．细木工板

细木工板俗称大芯板、木芯板、木工板，是由两片单板中间胶压拼接木板而成。细木工板的两面胶黏单板的总厚度不得小于 3mm。中间木板是由优质天然的木板方经热处理（即烘干室烘干）以后，加工成一定规格的木条，由拼板机拼接而成。拼接后的木板两面各覆盖两层优质单板，再经冷、热压机胶压后制成。细木工板握螺钉力好，强度高，具有质坚、吸声、绝热等特点，而且含水率不高（在10%～13%），加工简便，用途最为广泛。

细木工板比实木板材稳定性强，但怕潮湿，施工中应注意避免用在厨卫中。可应用于室内家具、门窗及套、隔断、假墙、暖气罩、窗帘盒、门套等。

### 2．胶合板

胶合板是由木段旋切成单板或由木方刨切成薄木，再用胶黏剂胶合而成的三层或多层的板状材料，通常用奇数层单板，偶尔也有偶数层的并使相邻层单板的纤维方向互相垂直胶合而成。

胶合板是家具常用材料之一，为三大人造板材之一。一组单板通常按相邻层木纹方向互相垂直组坯胶合而成，通常其表板和内层板对称地配置在中心层或板芯的两侧。用涂胶后的单板按木纹方向纵横交错配成的板坯，在加热或不加热的条件下压制而成。纵横方向的物理、机械性质差异较小。常用的胶合板类型有三合板、五合板等。胶合板能提高木材的利用率，是节约木材的一个主要途径。

胶合板通常的长宽规格是1220mm×2440mm，而厚度规格则一般有3mm、5mm、9mm、12mm、15mm、18mm等。制作胶合板的主要树种有山樟、柳桉、杨木、桉木等。

### 3．PVC板材

PVC板是以PVC为原料制成的截面为蜂巢状网眼结构的板材。大多以素色为主，也有仿花纹、仿大理石纹的。具有防水、防潮、防蛀，内含阻燃原料，具有安全的特性。PVC板主要用于卫生间和厨房中，价格比较便宜。

### 4．装饰面板

装饰面板是将实木板精密刨切成厚度为0.2mm左右的微薄木皮，以夹板为基材，经过胶黏工艺制作而成的具有单面装饰作用的装饰板材。装饰面板是夹板的一种特殊形式。

### 5．密度板

密度板也称纤维板，是以木质纤维或其他植物纤维作为原料，施加脲醛树脂或胶黏剂后制成的人造板材。按其密度的不同，分为高密度板、中密度板、低密度板。

密度板由于质软耐冲击，也容易再加工，在国外是制作家具的一种良好材料。但由于我国关于高密度板的标准比国际标准低数倍，所以，密度板在中国的使用质量还有待提高。密度板表面光滑平整、材质细密、性能稳定、边缘牢固，而且板材表面的装饰性好。但密度板耐潮性较差，且相比之下，密度板的握钉力比刨花板差，螺钉旋紧后如果发生松动，很难再固定。

密度板易进行涂饰加工。各种涂料、油漆类均可均匀地涂在密度板上，是做油漆效果的首选基材。密度板最大的缺点就是不防潮，见水就发胀。在用密度板做踢脚板、门套板、窗台板时应该注意六个面都刷漆，这样才不会变形。一般做家具用的是中密度板，因为高密度板密度太高，很容易开裂，所以没有办法做家具。一般高密度板都是用来做室内外装潢、办公家具。

### 6．刨花板

刨花板又叫微粒板、颗粒板、蔗渣板，由木材或其他木质纤维素材料制成的碎料，施加胶黏剂后在热力和压力作用下胶合成的人造板，也称为碎料板。主要用于家具制造和工业建筑及火车、汽车车厢的制造。

因为刨花板结构比较均匀，加工性能好，可以根据需要加工成大幅面的板材，是制作不同规格、样式家具的较好的原材料。成品的刨花板不需要再次干燥，可以直接使用，吸音和隔音性能也很好。但它也有其固有的缺点，因为边缘粗糙，容易吸湿，所以用刨花板制作的家具封边工艺就显得特别重要。另外由于刨花板容积较大，用它制作的家具，相对于其他板材来说比较重，具有良好的吸音、隔音、绝热的优点。

### 7．防火板

防火板又名耐火板，学名为热固性树脂浸渍纸高压层积板，是表面装饰用的耐火建材，有丰富的表面色彩、纹路以及特殊的物理性能，广泛用于室内装饰、家具、橱柜、实验室台面、外墙等领域。

防火板具有保温隔热、轻质高强、耐火阻燃、加工方便、吸声隔音、耐久性好、容易清洁、绿色环保等优点。

### 8．石膏板

石膏板是以建筑石膏为主要原料制成的一种

材料。它是一种重量轻、强度较高、厚度较薄、加工方便以及隔音、绝热和防火等性能较好的建筑材料,是当前着重发展的新型轻质板材之一。石膏板已广泛用于住宅、办公楼、商店、旅馆和工业厂房等各种建筑物的内隔墙、墙体覆面板（代替墙面抹灰层）、天花板、吸音板、地面基层板和各种装饰板等。我国生产的石膏板主要有纸面石膏板、无纸面石膏板、装饰石膏板、石膏空心条板、纤维石膏板、石膏吸音板、定位点石膏板等。

### 9. 铝扣板

铝扣板是以铝合金板材为基底,通过开料、剪角、模压成型而得到,铝扣板表面使用各种不同的涂层加工得到各种铝扣板产品,家装铝扣板最开始以滚涂和磨砂两大系列为主,随着发展,家装集成的铝扣板样式繁多而丰富,比如有热转印、釉面、油墨印花、镜面、3D等。

### 10. 集成板

集成板即胶合木,与木质工字梁、单板层积材同为三种主要的工程材料产品之一。其特点是保留了天然木材的材质感,外表美观。集成板由实体木材的短小料制造成指定的规格尺寸和形状,做到小材大用,劣材优用。根据需要,集成板可以制造成通直形状、弯曲形状。

### 11. 生态木

生态木是一种"塑合成材料",生态木是和原木相对的,就是一种比原木更经济环保、更健康节能的新型木材。生态木是木塑材料的一种,通常把PVC发泡工艺做法的木塑产品称为生态木。生态木主要原材料是由木粉和PVC加其他增强型助剂合成的一种新型绿色环保材料（30%的PVC+69%的木粉+1%的色剂配方）,广泛应用于家装及公共空间的装修,涉及室内外墙板、室内天花吊顶、户外地板、室内吸音板、隔断、广告牌等多个方面。

其优点是具有安全稳定、防水阻燃、环保舒适、施工便利、质优价廉、有木质纹理等特性。

### 12. 生态板

生态板在行业内还有多种叫法,常见的叫法有免漆板和三聚氰胺板。生态板分广义和狭义两种概念。广义上的生态板等同于三聚氰胺贴面板,其全称是三聚氰胺浸渍胶膜纸饰面人造板,是将带有不同颜色或纹理的纸放入生态板树脂胶黏剂中浸泡,然后干燥到一定的固化程度,将其铺装在刨花板、防潮板、中密度纤维板、胶合板、细木工板或其他硬质纤维板表面,是经热压而成的装饰板。狭义上的生态板仅指中间所用基材为拼接实木（如杉木、桐木、杨木等）的三聚氰胺饰面板,主要应用于家具、橱柜、衣柜、卫浴柜等领域。生态板所用的纸一般分为表层纸、装饰纸、覆盖纸和底层纸等。

（1）表层纸,是放在生态板最上层,起保护装饰的作用,使加热、加压后的板材表面高度透明,也使板材表面坚硬耐磨。这种纸要求吸水性能好,洁白干净,浸胶后能透明。

（2）装饰纸,即木纹纸,是生态板的重要组成部分,分有底色或无底色两种类型。经印刷后形成各种图案的装饰纸一般放在表层纸的下面,主要起装饰作用。这一层要求纸张具有良好的遮盖力、浸渍性和印刷性能。

（3）覆盖纸,也叫钛白纸,一般在制造浅色装饰板时放在装饰纸下面,以防止底层酚醛树脂透到表面。其主要作用是遮盖基材表面的色泽斑点,因此,要求有良好的覆盖力。

（4）底层纸,是生态板的基层材料,对板材起力学方面的作用,是浸以酚醛树脂胶并经干燥而制成。生产时可依据用途来确定板材的厚度。

生态板具有表面美观、施工方便、生态环保、耐划耐磨等特点,目前市场上主流板式家具基本上都是采用三聚氰胺贴面板制作而成。

### 13. 铝塑板

铝塑复合板是以经过化学处理的涂装铝板为表层材料,用聚乙烯塑料为芯材,在专用铝塑板生产设备上加工而成的复合材料。铝塑复合板本身所具有的独特性能决定了其广泛用途,它可以用于大楼外墙、帷幕墙板、旧楼改造翻新、室内墙壁及天花板、广告招牌、展示台架、净化防尘工程,属于一种新型建筑装饰材料。

### 14. 三维板

三维板是一种新型室内外墙面立体装饰板。造型时尚简约,有立体效果,单块板可以自由组合,容易上色,可进行更灵活的装饰设计和具有更佳的装饰艺术效果。它能营造舒适高雅的三维空间;材质轻盈,安装方便,可擦洗,易清洁;可自由组合、自由上色,彰显主人的个性;健康环保,无甲醛,无异味,防水阻燃。

室内常用的板材见图 6-2。

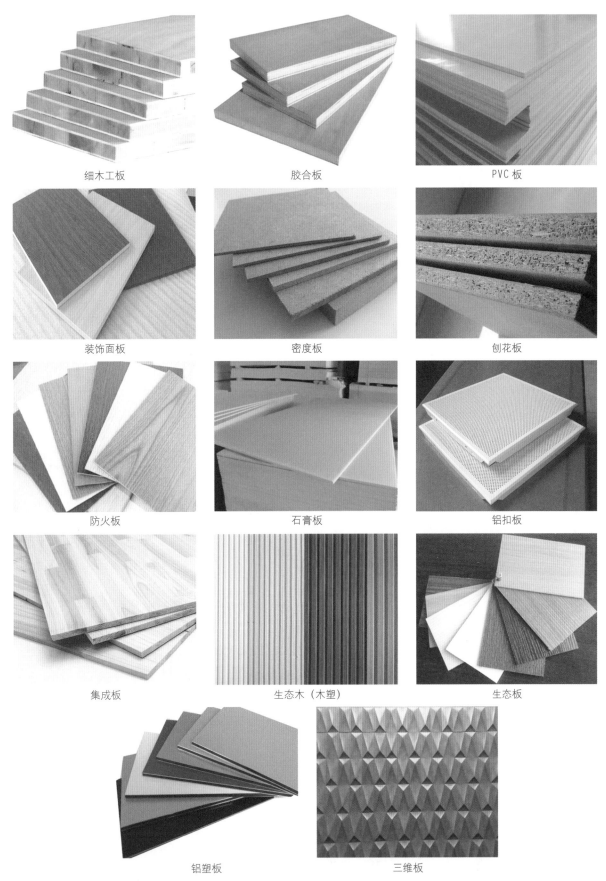

细木工板　　　　　　　　胶合板　　　　　　　　PVC 板

装饰面板　　　　　　　　密度板　　　　　　　　刨花板

防火板　　　　　　　　石膏板　　　　　　　　铝扣板

集成板　　　　　生态木（木塑）　　　　　　生态板

铝塑板　　　　　　　　三维板

图 6-2

## 第三节 石材类

建筑石材可分为天然石材和人造石材两大类。天然石材指从天然岩石中开采出来,并经加工成块状或板状材料的总称。人造石材,即并非百分之百石材原料加工而成的石材。装修中常见的天然石材有大理石、花岗岩、石灰石、板岩、砂岩、石英岩、罗马石、紫岩石等。建筑用饰面石材大致可分为大理石、花岗岩、洞石、砂岩、微晶石、人造石材六大类。

### 1. 大理石

大理石的主要成分是氧化钙,表面花色丰富,纹理漂亮,装饰性极强,但缺点是硬度较低,容易划伤,耐腐蚀性能较差。大理石的成分及其结构特点,使其具有如下性能。

(1) 优良的装饰性能。大理石无辐射且色泽艳丽、色彩丰富,被广泛用于室内墙、地面的装饰。

(2) 具有优良的加工性能,可进行锯、切、磨光、钻孔、雕刻等。

(3) 大理石的耐磨性能良好,不易老化,其使用寿命一般在 50 ～ 80 年左右。

(4) 大理石具有不导电、不导磁、场位稳定等特性。

常见的大理石见图 6-3。

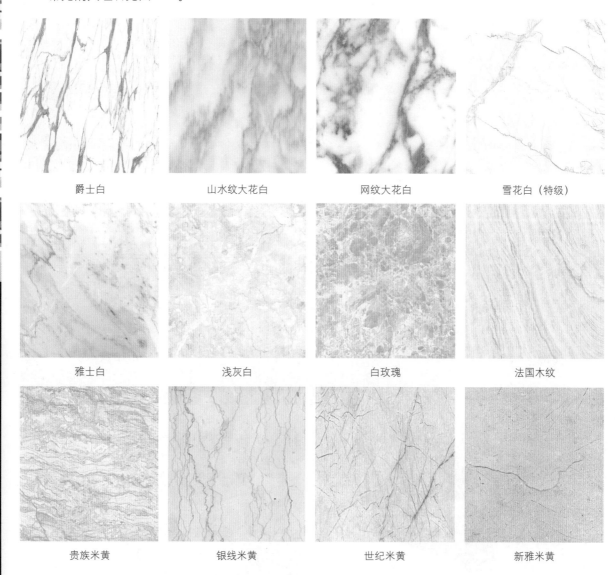

| 爵士白 | 山水纹大花白 | 网纹大花白 | 雪花白（特级） |

| 雅士白 | 浅灰白 | 白玫瑰 | 法国木纹 |

| 贵族米黄 | 银线米黄 | 世纪米黄 | 新雅米黄 |

图 6-3

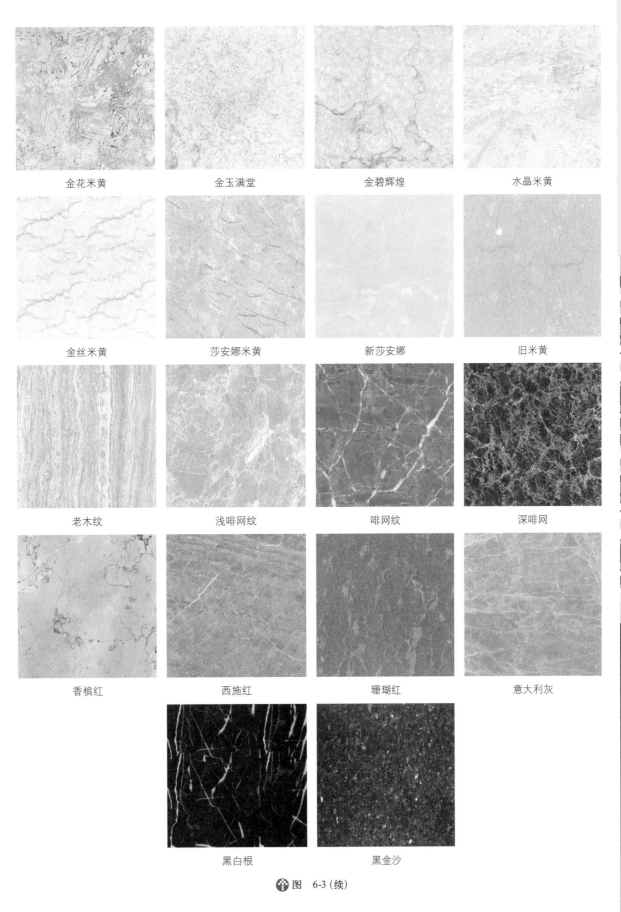

| | | | |
|---|---|---|---|
| 金花米黄 | 金玉满堂 | 金碧辉煌 | 水晶米黄 |
| 金丝米黄 | 莎安娜米黄 | 新莎安娜 | 旧米黄 |
| 老木纹 | 浅啡网纹 | 啡网纹 | 深啡网 |
| 香槟红 | 西施红 | 珊瑚红 | 意大利灰 |
| 黑白根 | 黑金沙 | | |

图 6-3（续）

## 2. 花岗岩

花岗岩的主要成分是长石、石英，它的表面硬度高、耐磨，抗风化、抗腐蚀能力强，使用期长，但缺点就是色调、纹理和花色比较单一。

由于花岗岩形成的特殊条件和坚定的结构特点,使其具有如下独特的性能。

(1)耐磨性能好且具有优良的加工性能,可进行锯、切、磨光、钻孔、雕刻等。

(2)弹性模量大,热膨胀系数小,不易变形;刚性好,能防震,减震。

(3)花岗岩具有脆性,受损后只是局部脱落,不影响整体的平直性。

(4)花岗岩的化学性质稳定,不易风化,能耐酸、碱及腐蚀气体的侵蚀。

(5)花岗岩具有不导电、不导磁、场位稳定等特性。

常见的花岗岩见图 6-4。

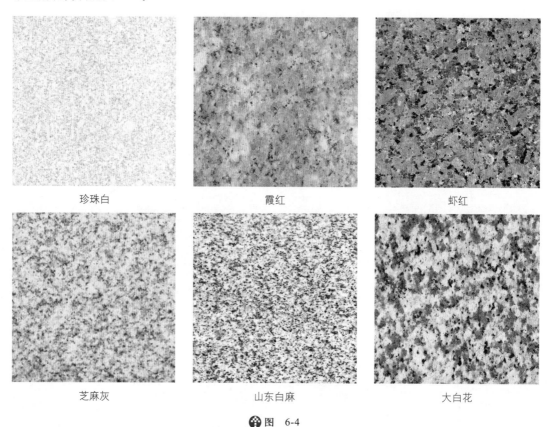

| 珍珠白 | 霞红 | 虾红 |

| 芝麻灰 | 山东白麻 | 大白花 |

图 6-4

### 3. 洞石

洞石,学名叫作石灰华,英文名为 Travertine,是一种多孔的岩石。在商业上,将其归为大理石类。洞石是一种碳酸钙的沉积物。由于在重堆积的过程中有时会出现孔隙,同时由于其自身的主要成分又是碳酸钙,自身就很容易被水溶解腐蚀,所以这些堆积物中会出现许多天然的无规则的孔洞。洞石的色调以米黄居多,使人感到温和,质感丰富,条纹清晰,见图 6-5。洞石还具有以下特点。

(1)洞石具有良好的加工性、隔音性和隔热性,可深加工应用,是优异的建筑装饰材料。

(2)洞石的质地细密,加工适应性高,硬度小,容易雕刻,适合用作雕刻用材和异型用材。

### 4. 砂岩

砂岩由石英颗粒(沙子)形成,结构稳定,通常呈淡褐色或红色,主要含硅、钙、黏土和氧化铁。砂岩是一种沉积岩,主要由砂粒胶结而成的,其中砂粒含量要大于 50%。绝大部分砂岩是由石英或长石组成的。主要成分为石英占 52% 以上,黏土占 15% 左右,铁矿占 18% 左右,其他物质占 10% 以上。

世界上已被开采利用的有澳洲砂岩、印度砂岩、西班牙砂岩、中国砂岩等。其中色彩、花纹最受建筑设计师所喜欢的则是澳洲砂岩。澳洲砂岩是一种生态环保石材,其产品具有无污染、无辐射、无反光、不风化、不变色、吸热、保温、防滑等特点(见图 6-6)。

白洞石

罗马洞石

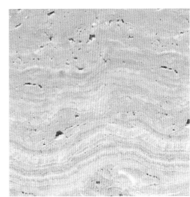
米黄洞石

 图 6-5

澳洲砂岩

红砂岩

图 6-6

### 5. 微晶石

微晶石也是一种人造石,是由含氧化硅的矿物在高温作用下出现表面玻化而形成的一种人造石材。主要成分是氧化硅,偏酸性。结构非常致密,其光度和耐磨度都优于花岗石和大理石。由于微晶石硬度太高,且有微小气泡孔存在,不利于翻新研磨处理(见图 6-7)。

### 6. 人造石

人造石结构致密,毛孔细小,它重量轻、强度高、耐腐蚀、耐污染、施工方便、花纹图案可人为控制,是现代建筑理想的装饰材料。其优点是可调节色彩,利于饰面装饰。缺点是硬度不够,光度不一致(见图 6-8)。

微晶石

 图 6-7

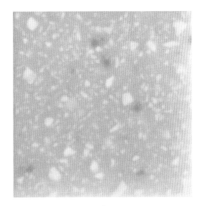
人造石

 图 6-8

## 第四节　陶瓷类

室内地板砖有玻化砖、抛光砖、亚光砖、防滑砖、釉面砖、仿古砖、陶瓷锦砖、通体砖。地砖种类还有很多，如拼花砖、马赛克等。

### 1. 玻化砖

玻化砖是由石英砂和泥按照一定的比例烧制而成。经过打磨光亮后不需要抛光。玻化砖的表面如玻璃一般光滑透亮，它是所有瓷砖中最硬的一种。玻璃砖色彩艳丽柔和，没有明显色差。玻化砖性能稳定，耐腐蚀、抗污性强，厚度相对较薄，抗折强度高，砖体轻巧，建筑物荷重减少，无有害元素，深受广大消费者的喜爱。

### 2. 抛光砖

抛光砖就是通体砖坯体的表面经过打磨、抛光处理而成的一种光亮的砖，属于通体砖的一种。相对通体砖而言，抛光砖的表面要光洁得多。抛光砖坚硬耐磨，适合在除洗手间、厨房以外的多数室内空间中使用。在运用渗花技术的基础上，抛光砖可以做出各种仿石、仿木效果。抛光砖易脏，防滑性能不佳。

### 3. 亚光砖

亚光是相对于抛光而言的，也就是非亮光面。可以避免光污染，维护起来比较方便。抛光砖太亮，晃眼睛；亚光砖易脏，不好打理。抛光砖、亚光砖所用的釉料不同，一般亚光砖烧制温度要比亮面砖高，亚光釉面相对亮面砖容易吸脏，但不会渗到釉面内，用常见的清洁剂就可去除。亚光砖有很多的马赛克和花片，可以根据自己的喜好运用花片来设计造型墙，让装修效果更令人满意。亚光瓷砖最大的优点是相对于高亮瓷砖光来说反射系数比较低，不会造成光污染。

### 4. 防滑砖

防滑砖是一种陶瓷地板砖，正面有褶皱条纹或凹凸点，以增加地板砖面与人体脚底或鞋底的摩擦力，防止打滑摔倒。通常用于经常用水的空间，例如卫浴间和厨房，可以提高安全性，特别适合有老人和小孩的家庭。

### 5. 釉面砖

釉面砖是由黏土、石英、长石烧制而成的。表面可以做出各种不同的花纹和图案。由于表面具有釉料，它的耐磨性就有所降低。但是釉面砖的色彩图案丰富、规格多、清洁方便，同时防滑，被广泛地运用在厨房和卫生间中。

釉面砖是在胚体表面加釉烧制而成的，主体又分陶体和瓷体两种。用陶土烧制出来的背面呈红色，瓷土烧制的背面呈灰白色。

因为釉面砖表面是釉料，所以耐磨性不如抛光砖和玻化砖。

进行釉面砖的鉴别，除了看尺寸，还要看吸水率。

### 6. 仿古砖

仿古砖是从彩釉砖演化而来，实质上是上釉的瓷质砖。与普通的釉面砖相比，其区别主要表现在釉料的色彩上面。仿古砖仿造以往的样式做旧，用带着古典图案的独特韵味来吸引人们的目光，为体现岁月的沧桑、历史的厚重，仿古砖通过样式、颜色、图案来营造出怀旧的氛围。仿古砖的品种、花色较多。

### 7. 陶瓷锦砖

陶瓷锦砖（马赛克）以瓷化好、吸水率小、抗冻性能强等特点而成为外墙装饰的重要材料。特别是有釉和磨光表面时，以其晶莹、细腻的质感，提高了耐污染能力和材料的高贵感。陶瓷锦砖色泽多样，质地结实，经久耐用，能耐酸、耐碱、耐火、耐磨，抗压力强，吸水率小，不渗水，易清洗，可用于工业与民用建筑的洁净车间、门厅、走廊、餐厅、厕所、浴室、工作间、化验室等处的地面和内墙面，并可作为高级建筑物的外墙饰面材料。

### 8. 通体砖

通体砖是将岩石碎屑经过高压处理压制而成。通体砖的硬度高、吸水性低、耐磨性好，但花色相对于釉面砖来说就显得非常单调，不过现在的室内设计越来越倾向于素色设计。通透砖的运用也不失一种时尚，现在也被广泛地运用在家庭装修之中。

常见的陶瓷类地砖见图6-9。

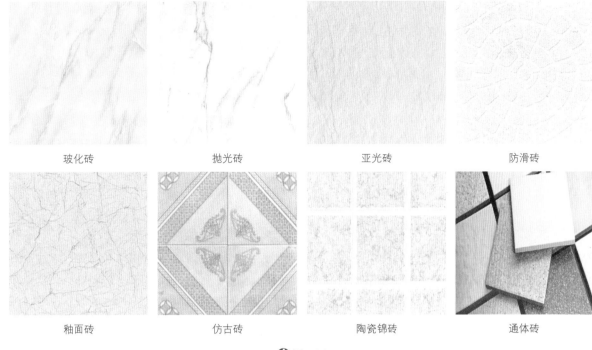

| | | | |
|---|---|---|---|
| 玻化砖 | 抛光砖 | 亚光砖 | 防滑砖 |
| 釉面砖 | 仿古砖 | 陶瓷锦砖 | 通体砖 |

图 6-9

# 第五节  玻璃类

玻璃是由二氧化硅和其他化学物质熔融在一起形成的（主要生产原料为纯碱、石灰石、石英）。在熔融时形成连续的网络结构，冷却过程中黏度逐渐增大并硬化，致使其成为结晶的硅酸盐类的非金属材料。玻璃广泛地应用于建筑物，用来隔风透光。另有混入了某些金属的氧化物或者盐类而显现出颜色的有色玻璃，以及通过物理或者化学的方法制成的钢化玻璃等。有时把一些透明的塑料（如聚甲基丙烯酸甲酯）也称作有机玻璃。以下是常见的玻璃种类。

### 1. 压花玻璃

压花玻璃是将熔融的玻璃液在急冷中通过带图案花纹的辊轴滚压而成的制品。可一面压花，也可两面压花。压花玻璃分普通压花玻璃、真空冷膜压花玻璃和彩色膜压花玻璃三种，一般规格为 800mm×700mm×3mm。

压花玻璃具有透光不透视的特点，其表面有各种图案花纹且凹凸不平，当光线通过时会产生漫反射，因此从玻璃的一面看另一面时，物像模糊不清。压花玻璃由于其表面有各种花纹，具有一定的艺术效果。多用于办公室、会议室、浴室以及公共场所分离室的门窗和隔断等处，使用时应将花纹朝向室内。

### 2. 冰花玻璃

冰花玻璃是一种利用平板玻璃经特殊处理形成的具有自然冰裂纹理的玻璃。冰花玻璃对通过的光线有漫反射作用，如作门窗玻璃，犹如蒙上一层纱帘，看不清室内的景物，却有着良好的透光性能，具有良好的装饰效果。

冰花玻璃可用无色平板玻璃制造，也可用茶色、蓝色、绿色等彩色玻璃制造。其装饰效果优于压花玻璃，给人以清新之感，是一种新型的室内装饰玻璃。可用于宾馆、酒楼等场所的门窗、隔断、屏风和家庭装饰。目前最大规格尺寸为 2400mm×1800mm。

### 3. 磨砂玻璃

磨砂玻璃又称为毛玻璃，是经研磨、喷砂加工，使表面成为均匀粗糙的平板玻璃。用硅砂、金刚砂或刚玉砂等作研磨材料，加水研磨制成的称为磨砂玻璃；用压缩空气将细砂喷射到玻璃表面而成的，称为喷砂玻璃。

这类玻璃易产生漫反射,只有透光性而不能透视,作为门窗玻璃可使室内光线柔和,没有刺目感。一般用于浴室、办公室等需要隐秘和不受干扰的房间;也可用于室内隔断和作为灯箱透光片使用。

#### 4. 镭射玻璃

镭射玻璃是以玻璃为基材的新一代建筑装饰材料,其特征在于经特殊工艺处理,玻璃背面出现全息或其他光栅,在阳光、月光和灯光等光源的照射下,形成物理衍射分光,从而出现艳丽的七色光,且在同一感光点上会因光线入射角的不同而出现色彩变化,使被装饰物显得华贵。镭射玻璃的颜色有银白、蓝、灰、紫、红等多种。按其结构有单层和夹层之分。它适用于酒店、宾馆,以及各种商业、文化、娱乐设施的装饰。

#### 5. 刻花玻璃

刻花玻璃是由平板玻璃经涂漆、雕刻、围蜡与酸蚀、研磨面成。图案的立体感非常强,似浮雕一般,在室内灯光的照射下,更是熠熠生辉。刻花玻璃一般是按用户要求定制加工,主要用于高档场所的室内隔断或屏风。

#### 6. 玻璃锦砖

玻璃锦砖又称玻璃马赛克,它含有未熔融的微小晶体(主要是石英)的乳浊状半透明玻璃质材料,是一种小规格的饰玻璃制品。其一般尺寸(mm)为 20×20、30×30、40×40,厚 4～6mm,背面有槽纹,有利于与基面黏结。其成联、黏结及施工与陶瓷锦砖基本相同。

玻璃锦砖颜色绚丽,色泽众多,且有透明、半透明和不透明三种。它的化学成分稳定,热稳定性好,能雨天自洗,经久常新,是一种良好的外墙装饰材料。

#### 7. 彩色平板玻璃

彩色平板玻璃有透明和不透明两种。透明的彩色玻璃是在玻璃原料中加入一定量的金属氧化物制成。不透明彩色玻璃是经过退火处理的一种饰面玻璃,可以切割,但经过钢化处理的不能再进行切割加工。

彩色平板玻璃的颜色有茶色、海洋蓝色、宝石蓝色、翡翠绿等。彩色玻璃可以拼成各种图案,并有耐腐蚀、抗冲刷、易清洗特点,主要用于建筑物的内外墙、门窗装饰及对光线有特殊要求的部位。

#### 8. 镜面玻璃

镜面玻璃即镜子,指玻璃表面通过化学(银镜反应)或物理(真空铝)等方法形成反射率极强的镜面反射玻璃制品。为提高装饰效果,在镀镜之前可对原片进行彩绘、磨刻、喷砂、化学蚀刻等加工,形成具有各种花纹图案或精美字画的镜面玻璃。

常用的镜面玻璃有明镜、墨镜(也称黑镜)、彩绘镜和雕刻镜等多种。在装饰工程中常利用镜子的反射和折射来增加空间感和距离感,或改变光照效果。

#### 9. 釉面玻璃

釉面玻璃是指在按一定尺寸切裁好的玻璃表面上涂敷一层彩色易熔的釉料,经过烧结、退火或钢化等处理,使釉层与玻璃牢固结合,制成具有美丽的色彩或图案的玻璃。它一般以平板玻璃为基材。其特点是图案精美、不褪色、不掉色、易于清洗,可按用户的要求或艺术设计图案来制作。

釉面玻璃具有良好的化学稳定性和装饰性,广泛用于室内饰面层,比如,一般建筑物的门厅、楼梯间的饰面层及建筑物外饰面层。

#### 10. 喷花玻璃

喷花玻璃又称为胶花玻璃,是在表面贴以图案,抹以保护层,经喷砂处理形成透明与不透明相间的图案。喷花玻璃给人以高雅、美观的感觉,厚度一般为 6mm,适用于室内门窗、隔断和采光。

#### 11. 乳花玻璃

乳花玻璃是新近出现的装饰玻璃,是在平板玻璃的一面贴上图案,抹以保护层,经化学处理蚀刻而成。它的花纹清新、美丽,富有装饰性。乳花玻璃一般厚度为 3～5mm,其用途与喷花玻璃相同。

图 6-10 是常见的玻璃材质。

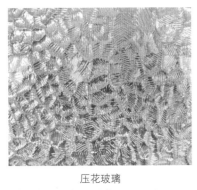
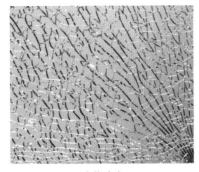

压花玻璃　　　　　　冰花玻璃　　　　　　磨砂玻璃

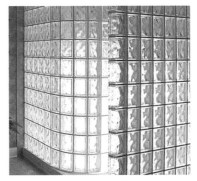

镭射玻璃　　　　　　刻花玻璃　　　　　无色透明玻璃锦砖

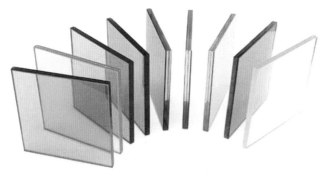

彩色平板玻璃　　　　　　　　镜面玻璃

图 6-10

## 第六节　涂料类

### 1. 水溶性涂料

水溶性涂料是聚乙烯醇溶解在水中,再在其中加入颜料等其他助剂而制成的。涂料的缺点是不耐水、不耐碱,涂层受潮后容易剥落,属低档内墙涂料,适用于一般内墙装修。干擦不掉粉,由于其成膜物是水溶性的,所以用湿布擦洗后总要留下一些痕迹,耐久性也不好,易泛黄变色,但其价格便宜,施工也十分方便(见图 6-11)。

### 2. 乳胶漆

它是一种以水为介质,以丙烯酸酯类、苯乙烯—丙烯酸酯共聚物、醋酸乙烯酯类聚合物的水溶液为成膜物质,加入多种辅助成分而制成的,其成膜物是不溶于水的,湿布擦洗后不留痕迹,并有平光、高光等不同装饰类型。好的乳胶涂料层具有良好的耐水、耐碱、耐洗刷性,涂层受潮后决不会剥落(见图 6-12)。

### 3. 多彩涂料

该涂料的成膜物质是硝基纤维素,以水包油形式分散在水相中,一次喷涂可以形成多种颜色花纹(见图 6-13)。

图 6-11

图 6-12

图 6-13

## 第七节　塑料类

### 1．塑料贴面装饰板

塑料贴面装饰板又称塑料贴面板。它是以酚醛树脂的纸质压层为胎基，表面用三聚氰胺树脂浸渍过的印花纸作为面层，经热压制成并可覆盖于各种基材上的一种装饰贴面材料。

塑料贴面板的图案，色调丰富多彩，耐湿，耐磨，耐燃烧，耐一定酸、碱、油脂及酒精等溶剂的侵蚀，平滑光亮，极易清洗。粘贴在板材的表面，较木

材耐久，装饰效果好，是节约优质木材的好材料。适用于各种建筑的室内、车船、飞机及家具等的表面装饰（见图6-14）。

图　6-14

### 2．有机玻璃板材

有机玻璃板材，俗称有机玻璃。它是一种具有极好透光率的热塑性塑料，是以甲基丙烯酸甲酯为主要基料，加入引发剂、增塑剂等聚合而成（见图6-15）。

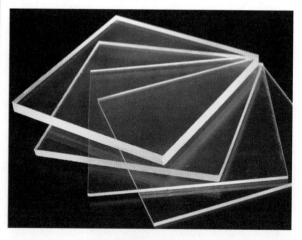

图　6-15

有机玻璃的透光性极好，可透过光线的99%，并能透过紫外线的73.5%，机械强度较高；耐热性、抗寒性都较好；耐腐蚀性及绝缘性良好；在一定条件下，尺寸稳定、容易加工。有机玻璃的缺点是质地较脆，易溶于有机溶剂，表面硬度不大等。有机玻璃在建筑上主要用作室内高级装饰材料及

特殊的吸顶灯具或室内隔断及透明防护材料等，主要有以下几种：①无色及有色透明有机玻璃；②珠光有机玻璃产品；③PVC塑料装饰板；④PVC透明塑料板。

### 3. 覆塑装饰板

覆塑装饰板是以塑料贴面板或塑料薄膜为面层，以胶合板、纤维板、刨花板等板材为基层，采用胶合剂热压而成的一种装饰板材。用胶合板作基层叫覆塑胶合板，用中密度纤维板作基层的叫覆塑中密度纤维板，用刨花板为基层的叫覆塑刨花板。

覆塑装饰板既有基层板的厚度、刚度，又具有塑料贴面板和薄膜的光洁、质感强，美观，装饰效果好，并具有耐磨、耐烫、不变形、不开裂、易于清洗等优点，可用于汽车、火车、船舶、高级建筑的装修及家具、仪表、电器设备的外壳装修（见图6-16）。

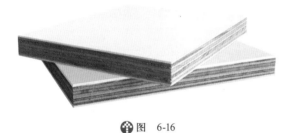

图 6-16

## 第八节 石膏类

### 1. 纸面石膏板

纸面石膏板是以建筑石膏为主要原料，掺入适量添加剂与纤维后做成板芯，以特制的板纸为护面，经加工制成的板材。纸面石膏板具有重量轻、隔声、隔热、加工性能强、施工方法简便的特点（见图6-17）。

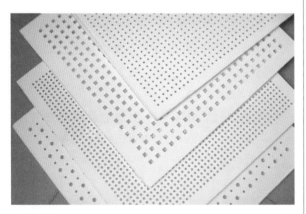

图 6-17

### 2. 装饰石膏板

装饰石膏板是以建筑石膏为主要原料，掺加少量纤维材料等制成的有多种图案、花饰的板材，如石膏印花板、穿孔吊顶板、石膏浮雕吊顶板、纸面石膏饰面装饰板等。它是一种新型的室内装饰材料，适用于中高档装饰，具有轻质、防火、防潮、易加工、安装简单等特点。特别是新型树脂防水饰面石膏板板面覆以树脂，饰面的色调图案逼真，新颖大方。板材强度高、耐污染、易清洗，可用于装饰墙面、做护墙板及踢脚板等，是代替天然石材和水磨石的理想材料（见图6-18）。

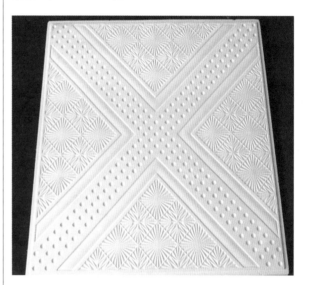

图 6-18

### 3. 纤维石膏板

纤维石膏板（或称石膏纤维板、无纸石膏板）是一种以建筑石膏粉为主要原料，以各种纤维为增强材料的一种新型建筑板材。纤维石膏板是继纸面石膏板取得广泛应用后，又一次开发成功的新产品。由于外表省去了护面纸板，因此，应用范围除了覆盖纸面膏板的全部应用范围外，还有所扩大；其综合性能优于纸面石膏板，如厚度为12.5mm的纤维石膏板的螺丝握力达600N/mm，而纸面的仅为100N/mm，所以纤维石膏板容易固定螺丝钉，可挂东西，而纸面板不行。其产品成本略大于纸面石膏板，但投资的回报率却高于纸面石膏板，因此是一种很有开发潜力的新型建筑板材（见图6-19）。

图 6-19

## 第九节 金属类

金属类装饰材料常用的有卫浴五金、水暖五金类、厨房五金、家电类、锁类、拉手类、门窗类五金等（见图6-20和图6-21）。

图 6-20

图 6-21

### 1. 不锈钢

不锈钢是不锈耐酸钢的简称，可分为两种类型。一种是耐空气、蒸汽、水等弱腐蚀介质或具有不锈性的钢种，称为普通不锈钢；而将耐酸、碱、盐等化学侵蚀的钢种称为耐酸钢。由于两者在化学成分上的差异而使它们的耐蚀性不同，普通不锈钢一般不耐化学介质腐蚀，而耐酸钢则一般均具有不锈性。

### 2. 铝合金

铝合金是工业中应用最广泛的一类有色金属结构材料，在航空、航天、汽车、机械制造、船舶及化学工业中已大量应用。工业经济的飞速发展，对铝合金焊接结构件的需求日益增多，使铝合金的焊接性研究也随之深入，目前铝合金是应用最多的合金。

## 第十节 壁纸类

壁纸，也称为墙纸，是一种用于裱糊墙面的室内装修材料，广泛用于住宅、办公室、宾馆、酒店的室内装修等。材质不局限于纸，也包含其他材料。因为具有色彩多样、图案丰富、豪华气派、安全环保、施工方便、价格适宜等多种其他室内装饰材料所无法比拟的特点，故在欧美、日本等发达国家和地区得到相当程度的普及。壁纸分为很多类，如覆膜壁纸、涂布壁纸、压花壁纸等。通常用漂白化学木浆生产原纸，再经不同工序的加工处理，如涂布、印刷、压纹或表面覆塑，最后经裁切、包装后出厂。具有一定的强度、韧度、美观的外表和良好的抗水性能。

### 1. 壁纸常见材质

1）云母片壁纸

云母是一种矽酸盐结晶，因此这类产品既显得高雅又有光泽感，具有很好的电绝缘性，安全系数高，既美观又实用。

2）木纤维壁纸

木纤维壁纸的环保性、透气性都是最好的，使用寿命也最长。表面富有弹性，且隔音、隔热、保温，手感柔软舒适。无毒、无害、无异味，透气性好，而且纸型稳定，随时可以擦洗。

3）纯纸壁纸

纯纸壁纸以纸为基材，经印花后压花而成，自然、舒适、无异味、环保性好,透气性能强。因为是纸质,所以有非常好的上色效果,适合染各种鲜艳颜色甚至工笔画。纸质不好的产品时间久了可能会略显泛黄。

4) 无纺布壁纸

以纯无纺布为基材,表面采用水性油墨印刷后涂上特殊材料,经特殊加工而成,具有吸音、不变形等优点,并且有强大的呼吸性能。因为其非常薄,施工起来较容易,非常适合喜欢DIY的年轻人。

5) 树脂壁纸

面层用胶来构成,也叫高分子材料。世界上80%以上的产品都属于这一类,是壁纸的一大分类。这类壁纸防水性能非常好,水分不会渗透到墙体里面去,属于隔离型防水。

6) 墙布壁纸

墙布壁纸的概念较广,主要特点是面层相对厚重,给人的感觉是结实耐用。

7) 发泡壁纸

以纸为基材,涂掺有发泡剂的PVC糊状树脂,经印花后再加热发泡而成。这类壁纸有高发泡印花、低发泡印花和发泡印花压花等品种。这类壁纸比普通壁纸显得厚实、松软。其中高发泡壁纸表面呈富有弹性的凹凸状;低发泡壁纸是在发泡平面上印有花纹图案,具有浮雕、木纹、瓷砖等效果。

8) 织物壁纸

用丝、毛、棉、麻等天然纤维为原材料,经过无纺成型、上树脂、印制彩色花纹而成。其物理性状非常稳定,淋水后颜色变化也不大,富有弹性,不易折断,纤维不老化,色彩鲜艳,粘贴方便,有一定透气性和防潮性,耐磨、不易褪色。所以这类产品在市场上也非常受欢迎,但相对于无纺布类,价格较高,这种墙纸表面易积尘且不易擦洗。

9) 硅藻泥壁纸

以硅藻泥为原料制成,表面有无数细孔,可吸附、分解空气中的异味,具有调湿、除臭、隔热、防止细菌生长等功能。其有助于净化室内空气,达到改善居家环境的效果。

10) 和纸壁纸

和纸被称为"纸中之王",与中国的宣纸有点像,非常耐用,经过很多年颜色和物理形状都不会发生变化。其给人以清新脱俗之感,并兼具防水防火性能,不过大多价格昂贵。

11) 金银箔壁纸

金银箔壁纸主要采用纯正的金、银、丝等高级面料制成表层,手工工艺精湛,贴金工艺考究,价值较高,并且防水防火,易于保养。因为有可能用高纯度的铜、铝来代替金银,因此价格较低的产品很可能会被氧化而产生变色。

12) 塑料壁纸

塑料壁纸一般是用纸作为基材,表面涂塑,通过印花、压花或发泡等工艺制成的具有各种花纹、图案或某些特殊功能的装饰材料。PVC壁纸是最常见的塑料壁纸。它以纸为基材,以PVC薄膜为面层。有非发泡普通型、发泡型等种类。其特点是美观、耐用,有一定的伸缩性、耐裂强度,可制成各种图案及凹凸纹,富有很强的质感,还有强度高、抗拉抗拽、易于粘贴的特点,陈旧后也易于更换,且表面不吸水,可用布擦洗。其缺点是透气性较差,时间一长会渐渐老化并或多或少对人体健康产生副作用。

13) 棉质壁纸

棉质壁纸以纯棉平布经过前期处理、印花、涂层制作而成。具有强度高、静电小、无光、吸音、无毒、无味、耐用、花色美丽大方等特点。适用于较高级的居室装饰。

14) 化纤壁纸

化纤壁纸以化纤为基材,经一定处理后印花而成。具有无毒、无味、透气、防潮、耐磨、无分层等优点,适用于一般住宅墙面装饰。

15) 软木壁纸

软木壁纸以天然树皮(栓皮)为原料而制成的新型环保墙面装饰材料,不但具有自然、古朴、粗犷的大自然之美,还具有吸音、隔振、保温、无毒、无味、不变形、不腐朽、不生虫、阻燃等特点。

16) 纸基涂塑壁纸

纸基涂塑壁纸以纸为基材,用高分子乳液涂布面层,是经印花、压纹等工序制成的一种墙面装饰材料。具有防水、耐擦、透气性好、花色丰富多彩等特点,而且使用方便,操作简便,工期短、工效高、成本低。

17) 玻璃纤维壁纸

玻璃纤维壁纸是以玻璃纤维布为基材,表面涂以耐磨树脂,印上彩色图案而制成的。具有色彩鲜艳、花色繁多、不褪色、不老化、防火、耐磨、施工简便、粘贴方便、可用肥皂水洗刷等特点。

### 2．壁纸与室内装饰

目前市场上的壁纸纹样、花色十分丰富，即便同一种风格，也可由壁纸、壁纸腰线、布料、轻纱、绸缎等相互搭配而形成很多的样式，因此，可以根据自己的兴趣及审美观任意挑选壁纸的款式。但壁纸不同的纹理、色彩、图案会形成不同的视觉效果，比如，色彩浓艳、炫目的大花朵图案往往在远处就能吸引人的视线，逼真的花纹似有墙纸呼之欲出的感觉，这样的壁纸最适合铺装在格局单一的房间，以降低居室的拘束感。而一些具有规则排列的碎花图案的壁纸则可以用作居室的背景，让自己喜爱的沙发、椅子在这样的背景映衬下尽显其特色。所以装修时还是要结合自家房间的层高、居室的采光条件、户型大小来选择合适的壁纸。

1）墙纸与房间光线

一般来说，墙纸是选择冷色调或是暖色调，与房间的光线息息相关。对于朝阳的房间，可以选用趋中偏冷的色调以提升房间的温度感，比如淡雅的浅蓝、浅绿等；如果光线非常好，墙纸的颜色可以适当加深一点，以综合光线的强度，以免墙纸在强光的映射下泛白。而背阴的房间，则可以选择暖色系的壁纸以增加房间的明朗感，如奶黄、浅橙、浅咖啡等，或者选择色调比较明快的墙纸，避免过分使用深色系强调厚重，使人产生压抑的感觉。

2）墙纸与房间面积

面积小或光线暗的房间，宜选择图案较小的壁纸，细小规律的图案会增添居室的秩序感，可以尝试一下色调比较浅的纵横相交的格子类墙纸，会起到扩充空间的效果。小碎花的图案比较适合家具简洁以及光线比较充足的房间。

3）墙纸与房间空间

如果居室的层高较低，则可以选择竖条纹状的壁纸来装饰墙面，因为竖条的花纹能够给人造成视线上升的错觉，让居室看起来不显得压抑；如果房间原本就显得高挑，可选择宽度较大的图案或是稍宽型的长条纹，这一类墙纸适合用在流畅的大空间中，能使原本高挑的房间产生向左右延伸的效果，从而平衡视觉。

### 3．墙纸在不同功能的房间的用途体现

墙面对家具起衬托作用，色彩过于浓郁凝重，则起不到背景作用，所以颜色浓郁的墙纸只宜小面积地使用，而客厅或是餐厅起主要背景作用的墙纸还是选择浅色调比较好。卧室需要给人温馨的感觉，使人放松，情绪安定，甚至可以带点催眠效果，所以亮度较低、颜色较深的墙纸比较合适。次卧室如果主要由老人居住，就应选择一些较能使人安静和沉稳的色彩壁纸，也可根据老人的喜好选些带有素花的壁纸。而书房作为需要人静思的空间，则宜选用亮度较低或冷色系的色彩以使人集中精力专注于思考，或平和浮躁的心绪。儿童房墙纸，一般选择色彩明快的墙纸，也可以饰以卡通腰线点缀，营造出活泼的效果（见图6-22）。

图 6-22

# 第七章 室内空间色彩设计

**教学目的：** 本章培养学生能够准确地把握色彩在家居中的搭配与协调性方面的能力。

**教学要求：** 了解色彩三要素、色彩带给人的感官效果及如何应用好色彩在室内空间中的设计应用。

## 第一节 色彩的基本概念

在室内空间中，色彩搭配得好与坏直接影响设计对象的视觉效果。设计师应掌握空间色彩的特点以及常见的搭配形式，这样才能提升空间的设计品质。室内色彩设计在国内的快速发展，影响了室内设计师在建筑装饰与装修技术方面的日益成熟。由于人们对建筑物功能的要求越来越高，再加上服务对象的民族、性格、文化教育等各方面存在的差异性，室内色彩设计的实践中也需要根据具体场所和建筑物功能，根据用户的需求与设计色彩的融合来达到完美的效果。要掌握室内色彩的搭配，需先了解色彩的要素与属性。

### 一、色彩三要素

色相：说明色彩所呈现的相貌，如赤、橙、黄、绿等色。色彩之所以不同，取决于光波的长短，通常以循环的色相环来表示（见图7-1）。

明度：表明色彩的明暗程度。取决于光波的波幅，波幅越大，则亮度越大。明度与波的长短也有一定的关系。

彩度：即色彩的强弱程度，或色彩的纯净饱和程度，它取决于所含波长的单一性还是复合性。单一波长的颜色彩度大，色彩鲜明；混入其他波长时彩度降低。在同一色相中，把彩度最高的色称为纯色，色相环一般均采用纯色表示。

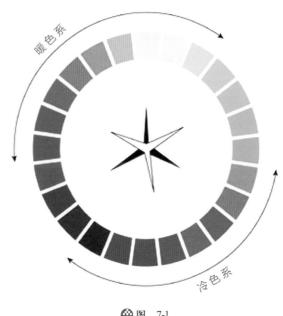

🎨 图 7-1

### 二、色彩的客观效果和主观效应

一个成功的室内设计，除完成其空间设计、家具设计及陈设设计以外，室内的色彩设计是不可忽视的，必须了解色彩本身的物理效果及带给人的心理效果。

#### （一）色彩的物理效果

世界上的物体都是有颜色的，物体的颜色和周围的颜色可能是相互协调或相互排斥,也可能混合反射,这样就会引起视觉的不同感受。这种引起主观感受变化的客观条件可称为色彩的物理效果。也就是说色彩的混色效果可引起人对物体的形状、体积、温度、距离上的感觉变化。这种变化往往对室内设计效果有着决定性的影响。

**1. 色彩的温度感**

人们长期在自然环境中生活,对各种客观现象都有一种本能的认识。太阳光照在身上很暖和。所以人们就感到凡是和阳光接近的颜色都给人以温暖感,后来人们统称红、橙、黄一类颜色为暖色系。当人们看到冰雪、海水、月光等,就有一种寒冷或凉爽的感觉,所以人们就把白、蓝一类的颜色称为冷色系。

色彩的温度感与明度有关,含白越高的颜色越具有凉爽感;色彩的温度感与色彩的纯度也有关系,在暖色系中,纯度越高越暖;在冷色系中,纯度越高越冷;色彩的温度感还与物体表面的光滑程度有关,表面光滑度越高就越给人以凉爽感,而表面粗糙的物体则给人以温暖感。在室内设计中正确地运用色温的变化可准确地设计出特定气氛的空间效果,还可以弥补空间设计朝向不佳的缺陷。

**2. 色彩的重量感**

色彩的重量感主要是由色彩的明度决定的。明度及纯度越高的色彩显得越轻,明度越低的色彩显得越重。所以人们还常把色彩分为轻色和重色。重色给人以稳重感,因此室内空间的六个面一般从上到下的色序是按照由浅到深的顺序设计的,这样就能给人以稳定感。

**3. 色彩的体量感**

色彩的体量感表现为膨胀感和收缩感。色彩的膨胀感和收缩感与色彩的明度有关。明度越高膨胀感越强,明度越低收缩感越强。色彩的膨胀感和收缩感与温度感有关系,一般来说暖色有膨胀感。运用色彩这种性质,可以改善空间效果,例如小的空间可用膨胀色以增加空间的宽阔感;大的空间可以用收缩色减少空旷感。此外,一些体量过大、过重的实体可用收缩色去减少它的体量感,从而调节空间的体量关系。

**4. 色彩的距离感**

根据人们对色彩距离的感受,又可把色彩分为

前进色和后退色,或称为近感色和远感色,它与色彩的温度感有关。前进色是人们感觉距离缩短的颜色,反之是后退色。暖色基本上可称为前进色,冷色基本上可称为后退色。色彩的前进及后退序列为红>黄>橙>紫>绿>青>黑。

色彩的距离感还与色彩的明度有关。一般来说,明度高、纯度低的色彩具有前进感,反之有后退感。利用色彩的距离感可改变空间形态的比例,其效果非常显著。

**(二)色彩的心理效果**

色彩的心理效果是人对色彩所产生的感情。对同一颜色,不同的人有不同的联想,从而产生不同的感情,所以色彩的心理效果不是绝对的。正因为人们对色彩的爱好有所差异,因此会不断产生色彩的流行趋势,即流行色,这对于室内设计人员来说很重要,如果不把握色彩的流行趋势,那么室内设计效果总有过时之感。下面以色彩的色相来分析说明。

**1. 红色**

红色的光波最长,穿透力最强,它最易使人注意、兴奋、激动和紧张。人的眼睛不适应红光的长时间刺激,容易造成视觉疲劳,红色也是最富刺激性的,最易使人产生热烈、活跃、美丽、动人、热情、吉祥、忠诚的联想(见图 7-2)。然而红色用多反而会让人感觉到躁动和不安,因此在室内空间中应尽量少用,或者是小面积地使用。

图 7-2

### 2．橙色

橙色穿透力仅次于红色，它的注目性较高，也容易造成视觉疲劳。橙色的温度感比红色更强，因为火焰在最高温度时是橙色。又如，大自然中有许多果实都是橙色，所以它又被称为丰收色。因此，橙色很易使人联想到温暖、明朗、甜美、活跃、成熟和丰美（见图7-3）。

🌸图　7-3

### 3．黄色

黄色的明视度最高，光感也最强，所以，照明光多用黄色，日光及大量的人造光源都倾向于黄色。黄色又是普通的颜色，自然界许多鲜花都是黄色，许多动物的皮毛也是黄色。黄色给人以光明、丰收和喜悦之感（见图7-4）。我国古代帝王以黄色象

🌸图　7-4

征皇权的崇高和尊贵。黄色被大量地用在建筑、服饰、器物之上，成为皇室的主要代表色，这样就使黄色在中国人心中有一种威严感和崇高感。

### 4．绿色

在太阳投射到地球上的光线中，绿色光占了一半以上。人的眼睛最适应绿色光。由于对绿色的刺激反应最平静，所以，绿光是最能使眼睛得到休息的颜色。植物的绿色给人带来清新的景致和新鲜的空气，是春天和生命的代表色，它是构成生机勃勃的大自然的总色调。所以，绿色很自然使人联想到新生、春天、健康、永恒、和平、安宁和智慧（见图7-5）。

🌸图　7-5

### 5．蓝色

蓝色的光波较短，穿透力弱，蓝光在穿过大气层时大多被折射掉而留在大气层中，使天空呈现出蓝色，所以天蓝色富有空间层次感。海洋由于吸收了天空的蓝色也呈现出蓝色。所以蓝色很容易使人联想到广大、深沉、悠久、纯洁和理智（见图7-6）。

### 6．紫色

紫色的光波最短，紫色光不导热，也不照明，眼睛对它的知觉度低，分辨率弱，容易感到疲劳。然而明亮的紫色好像天上的霞光，原野的玫瑰使人感到美妙和兴奋。所以我国古代有"紫气东来"之说，赋予紫色以祥瑞的感情色彩；古代祭神、祭天的建筑顶也采用紫色以象征高贵。所以紫色使人感到美妙、吉祥、高贵、神秘（见图7-7）。

图 7-6

图 7-7

和亮丽的色彩，使人感到朴素、中庸而有内涵，当然使用过多会让人感到沉闷。黑色带给人的是坚实、含蓄和肃穆的效果。因此，在室内空间的搭配上需要综合这一类的中性色彩并适当地进行协调（见图 7-8 和图 7-9）。

图 7-8

图 7-9

此外，白色表示纯洁、洁白、朴素，也可以使人感到悲哀和冷酷。灰色是很百搭的色系，它能中

色彩引起的心理效果,还与不同的历史时期、地理位置以及不同的民族、宗教及习惯有关,不过,这是一个更为广泛的知识领域,应多了解,应善于应用色彩去进行设计,不断美化空间与环境。

## 第二节　室内色彩的设计方法

### 一、室内色彩的设计基本要求

（1）从空间的使用目的考虑,不同功能空间使用目的的不同、风格的不同,都会影响色彩的使用与搭配。

（2）从空间的大小、形式考虑,色彩可以按不同空间大小、形式来进一步强调或削弱。

（3）从空间的方位考虑,不同方位（朝西朝南可采用冷色调,朝东朝北用暖色调）在自然光线作用下的色彩是不同的,冷暖感也有差别,因此,可利用色彩来进行调整。

（4）从使用空间的人的类别考虑。老人、小孩、男人、女人,对色彩的要求有很大的区别,色彩应适合居住者个人的爱好。

### 二、室内色彩设计原则

#### 1．色彩的主辅色调搭配

作为一个房间一定要有它的主调,主调体现在室内空间界面的顶棚、墙面、地面处的色彩上,可以占约60%;所谓辅调就是与主调相呼应的起点缀作用的局部颜色,可以占约30%。其次是点缀色彩可以占10%,例如,装饰花瓶、挂画、盆栽、艺术品等。

一般主调的颜色以白色、米黄、浅灰为主色较多,辅调的颜色可以较明快、活泼。也可参照以下三种形式来搭配。

（1）以色彩明度处理。以明调为主调、暗调为辅调较为合理。

（2）以色彩的纯度处理。以灰调为主调、以色彩纯度较高的为辅调较为合理。

（3）以色相的冷暖去处理。冷暖两色调互为主辅调关系皆可。

#### 2．色彩的稳定与平衡

为了求得色彩的稳定感,空间的色彩序列应是上轻下重,即上浅下深。天花最浅,墙面居中,地面最深。如房间的顶棚及墙面采用白色、浅色、浅杏色等;墙裙可以使用白色及浅色,踢脚线则使用深色,就会给人一种上轻下重的稳定感。地面使用的颜色明度与纯度应低于墙面。相反,上深下浅会给人一种头重脚轻的压抑感。

另外,室内色彩的明度和色彩的纯度也不宜太高,以免破坏稳定感。为了求得感觉上的平衡,大量的浅颜色中一定要有深色,反之亦然。

#### 3．色彩的统一与变化

一般室内应用白色等亮色系作为背景色,家具可以搭配不同的色相而作为主体色,装饰陈设品为丰富的点缀色,这三者之间的色彩关系并不是孤立的、固定的。要达到协调,可以选用同色的材料、统一的风格来形成一定的统一,在统一的基础上有点变化。

#### 4．色彩的节奏与韵律

室内色彩也应体现节奏感与韵律感。例如一个大空间的一面墙上有很多连续的大玻璃窗,那么我们可以用窗帘的色彩和墙面的色彩形成一个有节奏的连续整体。一个单调的墙面可以划分成连续的若干块,每块之间可以用金属条分开,这样就可以造成一种节奏与韵律。家具和其他陈设物的色彩和位置如果设计得当,也能取得一定的节奏与韵律。

### 三、室内空间的色彩设计

室内色彩设计要受多种因素的制约,设计时首先要考虑功能的要求和美学的要求,此外还要考虑空间形式和建筑材料、装饰材料的特点,这样才能设计出较为理想的室内色彩,如图7-10～图7-19所示的居住空间,它的色彩设计的效果是平静、淡雅、舒适的,从而为人们提供了一个良好的生活环境。

在实际项目方案中,起居室是人们日常活动的房间,除用于休息外,也用于娱乐,所以色彩可以活泼一些,但不宜太强烈,以免给人造成烦躁的感觉。建议以中性色调为主,局部小面积可以用一些纯度高的色彩点缀。卧室是人们休闲时间较长的空间,因此不要用过于刺激的色彩装饰,可以以暖灰或冷灰色为主。书房需要安静的效果,采用中性色或者冷色系进行搭配较好。餐厅是饮食聚餐的地

方,色彩可以用较温暖的色系进行搭配。厨房、卫生间往往面积小,又要易于清洁,应采用较明亮的色彩进行搭配。

图 7-10

图 7-11

图 7-12

图 7-13

图 7-14

图 7-15

图 7-16

图 7-17

图 7-18

图 7-19

课后作业

收集不同色彩的设计案例，理解、分析其用色与材质的搭配。

# 第八章 室内采光与照明

教学目的：通过理论知识的学习，要求大家掌握室内设计照明与采光的处理手法，能应用所学习的理论知识并进行实际项目的设计。

教学要求：掌握直接照明与间接照明灯具的用法。

## 第一节 室内采光照明的基本概念与要求

就人的视觉来说，没有光也就没有一切。在室内设计中，光不仅是为满足人们视觉功能的需要，而且是一个重要的美学因素。光可以形成空间、改变空间，它直接影响到人对物体大小、形状、质地和色彩的感知。室内照明设计就是利用光的特性，去创造所需要的光环境，通过照明充分发挥其艺术作用，并表现在可以创造室内气氛、加强空间感和立体感等方面。

### 1．光的特征与视觉效应

光就像人们已知的电磁能一样，是一种能的特殊形式，它规定的度量单位是纳米。

### 2．照度、光色、亮度

（1）照度：以光通量作为基准单位来衡量。光通量的单位为流明，光源的发光效率的单位为流明／瓦特。

（2）光色：光色主要取决于光源的色温，并影响室内的气氛。

（3）亮度：亮度作为一种主观的评价和感觉，和照度的概念不同，它是表示由被照面的单位面积所反射出来的光通量，也称发光量，因此与被照面的反射率有关。

### 3．照明的控制

1）眩光的控制

遮阳，降低光源的亮度，移动光源位置和隐蔽光源。

2）亮度比的控制

● 一般灯具的布置方式：整体、局部、整体与局部结合、成角。

● 照明地带分区：天棚地带、周围地带、使用地带。

● 室内各部分最大允许的亮度比：视力作业与附近工作面之比为 3：1，视力作业与周围环境之比为 10：1。

## 第二节 室内采光部位与照明方式

### 1．采光部位与光源类型

（1）采光部位。室内采光效果，主要取决于采光部位和采光口的面积大小和布置形式，一般分为侧光、高侧光和顶光三种形式。

（2）光源类型。包括以下几种类型。

● 白炽灯。

● 荧光灯。

● 氖管灯（霓虹灯）。

● 高压放电灯。

不同类型的光源,具有不同的色光和显色性能,对室内的气氛和物体的色彩会产生不同的效果和影响,应按不同的需要选择。

### 2. 照明方式

照明方式按灯具的散光方式分为如下几种。

(1) 直接照明。光线通过灯具射出,其中90% ~ 100%的光通量到达假定的工作面上,这种照明方式为直接照明。这种照明方式具有强烈的明暗对比,并能造成生动有趣的光影效果,可突出工作面在整个环境中的主导地位,但是由于亮度较高,应防止眩光的产生,如工厂、普通办公室等室内空间中 (见图8-1)。

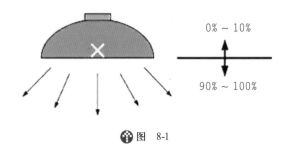

🔆 图 8-1

(2) 半直接照明。半直接照明方式是半透明材料制成的灯罩罩住光源上部,60% ~ 90%以上的光线使之集中射向工作面;10% ~ 40%被罩光线又经半透明灯罩扩散而向上漫射,其光线比较柔和。这种灯具常用于较低的房间的一般照明。由于漫射光线能照亮平顶,使房间顶部高度增加,因而能产生较高的空间感 (见图8-2)。

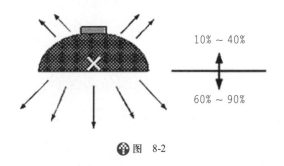

🔆 图 8-2

(3) 间接照明。间接照明方式是将光源遮蔽而产生的间接光的照明方式,其中90% ~ 100%的光通量通过天棚或墙面反射作用于工作面,10%以下的光线则直接照射工作面。通常有两种处理方法,一是将不透明的灯罩装在灯泡的下部,光线射向平顶或其他物体上反射成间接光线;一种是把灯泡设在灯槽内,光线从平顶反射到室内成间接光线。这种照明方式单独使用时,需注意不透明灯罩下部的浓重阴影,通常和其他照明方式配合使用,才能取得特殊的艺术效果 (见图8-3)。

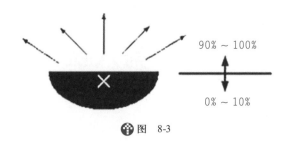

🔆 图 8-3

(4) 半间接照明。半间接照明方式,与半直接照明相反,这种方式是把半透明的灯罩装在光源下部,60%以上的光线射向平顶,形成间接光源;10% ~ 40%的部分光线经灯罩向下扩散。这种方式能产生比较特殊的照明效果,使较低矮的房间有增高的感觉。也适用于住宅中的小空间部分,如门厅、过道等,通常在学习的环境中采用这种照明方式最为合适 (见图8-4)。

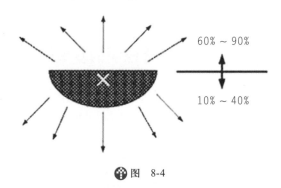

🔆 图 8-4

(5) 漫反射照明方式。漫反射照明方式,是利用灯具的折射功能来控制眩光,将光线向四周扩散或漫散。这种照明大体上有两种形式,一种是光线从灯罩上口射出并经平顶反射,两侧从半透明灯罩扩散,下部从格栅扩散。另一种是用半透明灯罩把光线全部封闭而产生漫射。这类照明光线性能柔和,视觉舒适,适合于卧室 (见图8-5)。

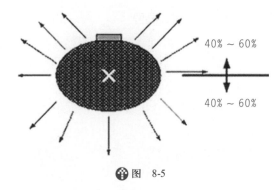

🔆 图 8-5

### 3. 不同灯具照明方式在室内中的效果

如图 8-6 所示是选择直接照明灯具应用在餐厅中,具有聚光的效果,同时也突出了视觉的中心点;如图 8-7 所示的餐厅选择的是半透明的灯具来产生半直接照明,整体效果较温馨和谐;如图 8-8 所示为客厅的顶棚内藏灯带为间接照明效果,让整体客厅空间显得更加大气;如图 8-9 所示的半间接照明的壁灯是作为辅助灯光效果使用,通常用在过道,卫生间墙上;如图 8-10 所示的漫射照明的台灯适合放置于主卧室、老人房。

图 8-6

图 8-7

图 8-8

图 8-9

图 8-10

*课后作业*

设计不同风格的灯具,并了解其应用材质、装饰应用的范围等。

# 空间设计篇

# 第九章　室内功能空间设计

**教学目的：**通过理论知识的学习，掌握住宅室内各个功能空间的设计，能应用所学习的理论知识进行实际项目的设计。

**教学要求：**掌握客厅、卧室、餐厅、书房、厨房、卫浴空间的设计。

## 第一节　玄关空间设计

玄关的概念，源于日本，过去中式民宅推门而见的"影壁"（或称照壁），就是现代家居中玄关的前身。中国传统文化重视礼仪，讲究含蓄内敛，有一种"藏"的精神。体现在住宅文化上，"影壁"就是一个生动写照，不但使外人不能直接看到宅内人的活动，而且通过影壁在门前形成了一个过渡性的空间，为来客指引了方向，也给主人一种领域感（见图 9-1～图 9-6）。

现代家居中，玄关是开门第一道风景，室内的一切精彩被掩藏在玄关之后，在走出玄关之前，所有短暂的想象都可能成为现实。在室内和室外的交界处，玄关是一块缓冲之地，是具体而微的一个缩影。按《辞海》中的解释，玄关是指佛教的入道之门，演变到后来，泛指厅堂的外门。经过长期的约定俗成，玄关指的是房屋进户门入口的一个区域。玄关虽然面积不大，但使用频率较高，是进出住宅的必经之处。一般设计玄关，常采用的材料有木材、夹板贴面、雕塑玻璃、喷砂彩绘玻璃、镶嵌玻璃、玻璃砖、镜屏、不锈钢、花岗岩、塑胶饰面材以及壁毯、壁纸等。

❀图　9-1

### 一、设计分类

（1）低柜隔断式：即以低形矮台来限定空间，以低柜式成型家具的形式做隔断体，既可储放物品，又起到划分空间的功能。

图 9-2

图 9-4

图 9-3

图 9-5

**图 9-6**

（2）玻璃通透式：是以大屏玻璃作装饰遮隔，或在夹板贴面旁嵌饰喷砂玻璃、压花玻璃等通透的材料，既可以分隔大空间，又能保持整体空间的完整性。

（3）格栅围屏式：主要是以带有不同花格图案的透空木格栅屏作隔断，既有古朴雅致的风韵，又能产生通透与隐隔的互补作用。

（4）半敞半蔽式：是以隔断下部为完全遮蔽式设计。隔断两侧隐蔽无法通透，上端敞开，贯通彼此相连的天花顶棚。半敞半隐式的隔断墙高度大多为1.5m，通过线条的凹凸变化、墙面挂置壁饰或采用浮雕等装饰物的布置，从而达到浓厚的艺术效果。

（5）柜架式：就是半柜半架式。柜架的形式采用上部为通透格架作装饰，下部为柜体；或以左右对称形式设置柜件，中部通透等形式；或用不规则手段，虚、实、散互相融和，以镜面、挑空和贯通等多种艺术形式进行综合设计，以达到美化与实用并举的目的。

## 二、设计目的

（1）为了保持主人的私密性。避免客人一进门就对整个居室一览无余，也就是在进门处用木质或玻璃做隔断，划出一块区域，在视觉上遮挡一下。

（2）为了起装饰作用。进门第一眼看到的就是玄关，这是客人从繁杂的外界进入这个家庭的最初感觉。可以说，玄关设计是设计师整体设计思想的浓缩，它在房间装饰中起到画龙点睛的作用。

（3）方便客人脱衣换鞋挂帽。最好把鞋柜、衣帽架、大衣镜等设置在玄关内，鞋柜可做成隐蔽式，衣帽架和大衣镜的造型应美观大方，与整个玄关风格协调。玄关的装饰应与整套住宅装饰风格协调，起到承上启下的作用。

## 三、设计要素

### 1. 灯光

玄关区一般都不会紧挨窗户，要想利用自然光的介入来提高区间的光感是不可奢求的。因此，必须通过合理的灯光设计来烘托玄关明朗、温暖的氛围。一般在玄关处可配置一盏主灯，再添置些射灯、壁灯、荧光灯等作辅助光源。还可以运用一些光线朝上射的小型地灯作点缀。如果不喜欢暖色调的温馨，还可以运用冷色调的光源传达冬意的沉静。

### 2. 墙面

依墙而设的玄关，其墙面色调是视线最先接触点，也是给人的总体色彩印象。清爽的水湖蓝、温情的橙黄、浪漫的粉紫、淡雅的嫩绿，缤纷的色彩能带给人不同的心境，也暗示着室内空间的主色调。玄关的墙面最好以中性偏暖的色系为宜，能让人很快从令人疲惫的外界环境体味到家的温馨，感觉到家的包容。

### 3. 地面

玄关地面是家里使用频率最高的地方。因此，玄关地面的材料要具备耐磨、易清洗的特点，地面的装修通常依整体装饰风格的具体情况而定，一般用于地面的铺设材料有玻璃、木地板、石材或地砖等。如果想让玄关的区域与客厅有所分别，可以选择铺设与客厅颜色不一的地砖。

### 4. 家具

条案、低柜、边桌、明式椅、博古架，玄关处不同的家具摆放，可以承担不同的功能，或用于集纳，或用于展示。但鉴于玄关空间的有限性,在玄关处摆放的家具应以不影响主人的出入为原则。如果居室面积偏小,可以利用低柜、鞋柜等家具扩大储物空间,而且像手提包、钥匙、帽子、便笺等物品就可以放在柜子上了。另外,还可通过改装家具来达到一举两得的效果。如把落地式家具改成悬挂的陈列架,或把低柜做成敞开式挂衣柜,增加实用性的同时又节省了空间。

**5. 装饰物**

做玄关不仅考虑功能性,装饰性也不能忽视。一盆小小的雏菊,一幅家人的合影,一张充满异域风情的挂毯,有时只需一个与玄关相配的陶雕花瓶和几枝干花,就能为玄关烘托出非同一般的气氛。另外,还可以在墙上挂一面镜子,或不加任何修饰的方形镜面,或镶嵌有木格栅的装饰镜,不仅可以让主人在出门前整理装束,还可以扩大视觉空间。

## 第二节　客厅空间设计

### 一、客厅的功能区域划分

客厅是家人休憩、交流与社交的主要场所,因此设计时要视家庭成员的生活方式来统一规划,在适用、舒适的原则下,保证能展示出整个家庭的特殊风格与修养。其功能包括聚会交流、娱乐、休闲等。客厅家具有成套沙发、柜子、茶几、电视机、灯具、窗帘等装饰陈设。电视试听组合构成了室内的"视听空间",是客厅视觉注目的焦点,现代住宅越来越重视视听区域的设计。通常,视听区布置在主坐的迎立面或迎立面的斜角范围内,以便视听区域构成客厅空间的主要目视中心,并烘托出宾主和谐、融洽的气氛(见图9-7~图9-10)。

图　9-8

图　9-7

图　9-9

☀ 图 9-10

## 二、客厅的界面设计

### 1. 客厅的吊顶

设计客厅时要根据整体来决定是否需要设计吊顶,现在一般楼层较低矮,采用局部吊顶的形式较多,这样可以使空间更有高度感、层次感,内部镶嵌适当的光源可以有效地增加空间的生机。在造型上常采用直线的方形、弧线的圆形来设计,在材料上一般选用石膏板来装饰。

### 2. 客厅背景墙设计

客厅背景墙主要分为沙发背景墙、电视机背景墙,在设计时应考虑到整体色调与风格,一般常用壁纸、软包、装饰面板、石材、装饰挂画来装修与装饰背景墙面。

### 3. 客厅地面

地面的颜色及材质最好统一流畅,切忌分割。否则会有凌乱感。想要突出某个区域,可以着重处理,比如想突出会客区,使用了地板,那么就可以使用一块地毯来突出。地面的颜色还是要根据整体来搭配,一般地板颜色会比家具颜色深一些,有沉稳的感觉。选择的材质要耐看、耐脏、耐磨、耐擦洗,常用的有大理石、玻化砖、复合地板、金刚板等。

## 三、客厅的颜色

客厅色调根据风格的不同而定,还要考虑采光以及颜色的反射程度来搭配,一个空间的主要色彩最好不要超过三种,不同的颜色有不一样的气氛,明亮色调使房间显得较大,常用来装饰较小、较暗的房间;暗淡的色调使房间看上去显得沉稳。一般客厅用色以白、米黄、浅咖、茶色、浅蓝、浅灰较常见。

## 四、客厅的灯光

客厅的灯光一般分主灯与辅灯两种,主灯的作用是为整个空间提供基本亮度,如吊灯。辅灯为空间局部照明,起渲染作用,如射灯、筒灯。其光源效果一是体现实用性,二是体现装饰性,实用性是针对整体或某局部功能而设定;装饰性是用来渲染空间气氛,让空间更有层次。灯光有很多照射方法,根据位置、功能的不同,可以变换选择直接照射、半直接照射、间接照射、半间接照射。要注意的是:客厅的用光不易太多而使人眼花缭乱。

## 第三节　卧室空间设计

人大约有 1/3 的时间要在卧室中度过,卧室设计一定要提供宁静、舒适的睡眠环境。一般卧室的设计需依据主人的年龄、性格、志趣爱好,考虑宁静稳重的或是浪漫舒适的情调,创造一个完全属于个人的温馨环境,面积较大的主卧室内还可以设置更衣室、梳妆台等功能(见图 9-11 ～图 9-14)。为了设计好主卧室,需考虑以下六个方面。

☀ 图　9-11

图 9-12

图 9-14

（1）卧室常使用的家具有床、床头柜、更衣橱、电视柜、梳妆台。如卧室里有卫浴室的，就可以把梳妆区域安排在卫浴室里。卧室的窗帘一般应设计成一纱一帘，使室内环境更富有情调。

（2）卧室的地面应具备保暖性，一般宜采用中性或暖色调，材料有地板、地毯等。

（3）墙壁约有 1/3 的面积被家具所遮挡，而人的视觉除床头上部的空间外，主要集中于室内的家具上。因此墙壁的装饰宜简单些，床头上部的主体空间可设计一些个性化的装饰品，选材宜配合整体色调，用于烘托卧室的气氛。

（4）吊顶的形状、色彩是卧室装饰设计的重点之一，一般以简洁、淡雅、温馨的暖色系为主。

（5）色彩应以统一、和谐、淡雅为宜，对局部的原色搭配应慎重，稳重的色调较受欢迎，如绿色系活泼而富有朝气，粉红系欢快而柔美，蓝色系清凉浪漫，灰调或茶色系灵透雅致，黄色系热情中充满温馨气氛。在设计时更多地可以去考虑色彩与年龄层次之间的关系。

（6）卧室的灯光照明以温馨和暖的黄色为基调，床头上方可镶嵌筒灯或壁灯，也可在装饰柜中镶嵌筒灯，使室内更具浪漫舒适的温情。

图 9-13

## 第四节　餐厅空间设计

餐厅的设计与装饰,除了要同居室整体设计相协调这一基本原则外,还要特别考虑餐厅的实用功能和美化效果(见图9-15和图9-16)。一般餐厅在陈设和设备上是具有共性的,那就是简单、便捷、卫生、舒适。餐厅设计的要点如下。

图　9-15

图　9-16

(1) 如果具备条件,单独用一个空间作餐厅是最理想的,在布置上也可以体现设计者或主人的喜好。对于住房面积不是很大的居室,也可以将餐厅设在厨房、过厅或客厅内。

(2) 餐厅家具有餐桌、酒柜、吧台、灯具。餐桌的款式有方桌、圆桌、折叠桌、不规则形,不同的桌子造型给人的感受也不同:方桌感觉规正,圆桌感觉亲近,折叠桌感觉灵活方便,不规则形感觉时尚个性。另外,酒柜与吧台依据面积情况与功能性而确定是否需要。餐厅的灯具造型不宜烦琐,但要足够亮,光源一般以暖色光为主,这样可以使得餐桌上的饭菜颜色更加光鲜诱人。

(3) 在色彩上餐厅的家具宜选择明亮、轻快的暖色调,如天然木色、咖啡色、橙色等。

(4) 餐厅的墙面应尽量简洁,地板的铺面材料一般使用瓷砖或易清洁的石材。

(5) 在装饰陈设上,有的居室餐厅较小,可以在墙面上安装一定面积的镜面,以调节视觉,造成空间增大的效果。其他如字画、壁挂、特殊装饰物品等,可根据餐厅的具体情况灵活安排,用以点缀环境,但要注意不应因过多而喧宾夺主,让餐厅显得杂乱无章。

(6) 餐厅的绿化可以在中心位置或者角落摆放一株自己喜欢的绿色植物,营造良好的就餐环境。

## 第五节　书房空间设计

书房是收藏书籍和读书写作的地方。书房内要相对独立地划分出书写、计算机操作、藏书以及小憩的区域,以保证书房的功能性,同时注意营造书香与艺术氛围,力求做到"明""静""雅""序"(见图9-17～图9-19)。

书房的具体设计包括如下方面。

(1) 内部摆设:书房要区分书写区、查阅区、储存区,将其"序"列存放,这样既使书房井然有序,还可提高工作的效率。书房内陈设有写字台、计算机操作台、书柜、座椅、沙发等。写字台、座椅的色彩、形状要精心设计,做到坐姿合理舒适,操作方便自然。在色调方面应尽量使用冷色调。风格要典雅、古朴、清幽、庄重。书橱里点缀些工艺品,墙上挂装饰画,以打破书房里略显单调的氛围。

🎨 图 9-17

🎨 图 9-19

（2）空间布局：书房的布局要尽可能地"雅"。在书房中，除了书柜与写字台座椅外，可以装饰一些艺术收藏品、绘画或照片、工艺品等，都可以为书房增添几分淡雅与清新的气氛。

（3）照明采光：书房务必要做到"明"。作为主人读书写字的场所，对于照明和采光的要求应该很高，因为人眼在过于强和弱的光线中工作，都会对视力产生很大的影响。所以写字台最好放在阳光充足但不直射的窗边。这样在工作疲倦时还可凭窗远眺一下以休息眼睛。书房内一定要设有台灯和书柜用射灯，便于主人阅读和查找书籍。但注意台灯要光线均匀地照射在读书写字的地方，不宜离人太近，以免强光刺眼。

（4）隔音效果："静"对于书房来讲是十分必要的，因为人在嘈杂的环境中工作效率要比安静环境中低得多。所以在装修书房时要选用那些隔音吸音效果好的装饰材料。天棚可采用吸音石膏板吊顶，墙壁可采用ＰＶＣ吸音板或软包装饰布等装饰，地面可采用吸音效果佳的地毯，窗帘要选择较厚的材料，以阻隔窗外的噪音。

🎨 图 9-18

## 第六节 厨房空间设计

### 一、了解厨房的概念

厨房设计的最基本概念是"三角形工作空间"，所以洗菜池、冰箱及灶台都要安放在适当位置，最理想的是呈三角形，相隔的距离最好不超过1m。在设计工作之初，最理想的做法就是根据个人日常操作家务程序作为设计的基础。

（1）一字形：把所有的工作区都安排在一面墙上，通常在空间不大、走廊狭窄情况下采用。所有工作都在一条直线上完成，节省空间。但工作台不宜太长，否则易降低效率。在不妨碍通道的情况下，可安排一块能伸缩调整或可折叠的面板，以备不时之需（见图9-20和图9-21）。

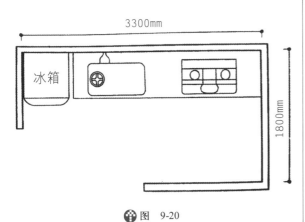

图 9-20

图 9-21

（2）L形：将清洗、配膳与烹调三大工作中心，依次配置于相互连接的L形墙壁空间中。最好不要将L形的一面设计过长，以免降低工作效率，这种空间运用比较普遍、经济（见图9-22和图9-23）。

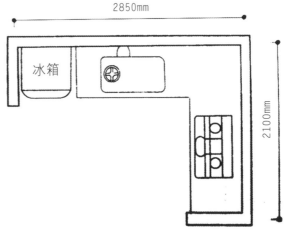

图 9-22

图 9-23

（3）走廊型：将工作区安排在两边平行线上。在工作中心分配上，常将清洁区和配膳区安排在一起，而烹调独居一处。如有足够空间，餐桌可安排在房间尾部（见图9-24和图9-25）。

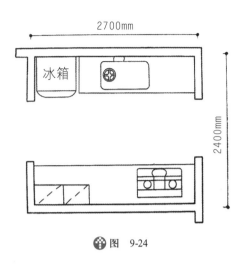

图 9-24

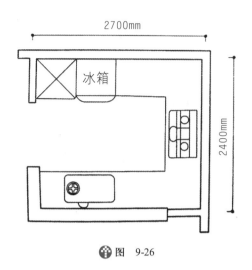

图 9-26

图 9-25

图 9-27

（4）U形：工作区共有两处转角，与L形的功用大致相同，空间要求较大。水槽最好放在U形底部，并将配膳区和烹饪区分设两旁，使水槽、冰箱和炊具连成一个正三角形。U形之间的距离以1200mm至1500mm为宜，使三角形总长、总和在有效范围内（见图9-26和图9-27）。

（5）岛型：根据四种基本形态演变而成，可依空间及个人喜好有所创新。将厨台独立为岛型，是一款新颖而别致的设计；在适当的地方增加了台面设计，灵活运用于早餐、熨衣服、插花、调酒等（见图9-28和图9-29）。

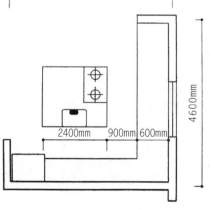

图 9-28

图 9-29

## 二、了解厨房的材料应用

橱柜面板强调耐用性。门板是橱柜的主要立面,对整套橱柜的观感及使用功能都有重要影响,防火胶板是最常用的门板材料。柜板可使用清玻璃、磨砂玻璃、铝板等,可增添设计的时代感。厨房的装饰材料应色彩素雅,表面光洁,易于清洗。厨房的地面宜用防滑、易于清洗的陶瓷块材地面。厨房的墙面、顶面宜选用防火、抗热、易于清洗的材料,如釉面瓷砖墙面、铝板吊顶等。

## 三、厨房的设备

厨房设计应合理布置灶具、排油烟机、热水器等设备,必须充分考虑这些设备的安装、维修及使用安全。

## 第七节 卫浴间设计

### 一、卫生间设计原则

(1)卫生间设计应综合考虑盥洗、卫生间、厕所三种功能的使用。

(2)卫生间的装饰设计不应影响卫生间的采光、通风效果,电线和电器设备的选用和设置应符合电器安全规程的规定。

(3)卫生间表面材质要防水、易清洁、防滑。

(5)卫生间的浴具应有冷、热水龙头。浴缸或淋浴宜用活动隔断分隔。

(6)卫生间的地坪应向排水口倾斜。

(7)卫生洁具的选用应与整体布置协调。

### 二、卫生间的空间设计

(1)卫生间的设计包括各种装饰材料的选择、颜色的搭配、空间的配置等(见图9-30和图9-31)。

图 9-30

图 9-31

（2）卫生间的色彩选择具有清洁感的冷色调，并与同色调的搭配，以低彩度、高明度的色彩为佳。

（3）在空间方面，卫生间的一面墙上装一面较大的镜子，可使视觉变宽，而且便于梳妆打扮。门口卫生间的设计原则是缝隙应由平常的下方通风改为上方通风，这样可避免大量冷风吹到身上。在卫生间门后较高处安上一个木制小柜，放一些平时不用又可随用随取的东西，这样可以解决卫生间的壁柜不够用的矛盾。

### 三、卫生间装修建议

卫生间的设计基本上以方便、安全、易于清洗及美观得体为主。由于水气很重，内部装修用料必须以防水物料为主。在地板方面，以天然石料做成地砖，既防水又耐用；大型瓷砖清洗方便，容易保持干爽；而塑料地板的实用价值甚高，加上饰钉后，其防滑作用更显著。墙面材料为石材、瓷砖。顶棚常用铝塑板、铝扣板、PVC板。

浴缸是卫生间内的主角，其形状、颜色、大小都是在选购时要考虑的问题。卫生间窗户的采光功用并不重要，其重点在于通风透气。镜子是化妆打扮的必需品，在卫生间中自然相当重要。卫生间的照明，一般以柔和的亮度就足够了。卫生间内放置盆栽十分适合，湿气能滋润植物，使之生长茂盛，增添卫生间生气。

## 第八节　阳台、庭院、露台设计

### 一、阳台设计

阳台是室内空间的户外延伸，主要用来晾晒衣物、收纳杂物、种植植物等，是家中空气与采光最好的区域。现代阳台设计不仅仅可以满足这些简单功能，通过精心设计并加以改造，阳台可以是户外小客厅，可以是浪漫的餐厅，也可以是专属的空中花园，即便是几平方米的小阳台也可以轻松打造（见图9-32和图9-33）。

在设计原则方面主要突出以下几点。

（1）人性化设计：人们已不再满足于一般意义上的居住概念，更多体现休闲性。

（2）生态化设计：有效地利用自然，回归于自然，借助阳台空间将户外美景引入室内。

（3）合理化设计：不占用晾晒衣物的基本功能外，增加浪漫休闲的空间区域。

图　9-32

图　9-33

## 二、庭院设计

对别墅区的庭院来讲，庭院设计包括以下三个方面。

（1）庭园应与周边环境协调一致，能利用的部分尽量借景，不协调的部分想办法进行视觉上的遮蔽。

（2）庭园应与自家建筑浑然一体，与室内装饰风格互为延伸。

（3）园内各组成部分有机相连，过渡自然。

### 1. 设计元素

1）植物

植物按照树的大小、高低分乔木、灌木、地被三种类型，庭院的住宅讲究植物色彩的层次与丰富性，另外还需要增加一定的私密空间，一般住宅建筑的外围以种植大、中型的乔木为主，内部以小乔木、灌木丛营造。

2）水景

溪流的潺潺声，泉水的叮咚声，哗哗的游泳池等水景都可以成为住宅水景不可缺少的设计元素，需要考虑位置、空间大小、深度、设计的形态等方面。

3）路径

庭院的路径除了考虑方便的消防通道外，一般的路径有 4m、2.5m、1.2m 这几种常见的尺寸。重要的是需要了解住户的生活习惯，合理地进行修建。

4）休闲设施

休闲设施包括遮阳伞、休闲座椅休闲凉亭、健身器材、休闲凉亭等，可依据场地的大小而布局。

### 2. 设计风格

1）自然式

在中小型花园中，可以培植自然式树丛、草坪或盆栽花卉，使生硬的道路、建筑轮廓变得柔和。尤其是低矮、平整的草坪能供人活动，更具亲切感，还会使园子显得比实际更大一些。中国式庭院内的植物配置常以自然式树丛为主，重视宅前屋后种植竹、菊、松、桂花、牡丹、玉兰、海棠等庭院花木，来烘托气氛，使情景交融。欧美式风格的庭院，着重将树丛、草地、花卉组成自然的风景园林，讲究野趣和自然。日本式庭院吸取中国庭院后自成一个体系，

是对自然的高度概括和提炼，并成为写意的"枯山水"，园中特别强调置石、白沙、石灯笼和石钵的应用。

2）规则式

如果主人有足够的时间和兴趣，可以定期和细致地养护庭园中的植物，也可以选择较为规则的布局方法，将一些耐修剪的黄杨、石楠、栀子等植物修剪成整齐的树篱或球类，既体现了主人高超的技艺，也使环境更加华丽和精致。尤其在欧美式建筑的庭园中，应用规则式的整形树木是更好的一种选择，无论大庭院或小局部都可以根据实际情况，因地制宜地采用这一风格。

3）花丛式

在庭院的角隅和边缘，在道路的两侧或尽头栽植各种多年生花丛，使高矮错落有致、色彩艳丽、对比强烈，形成花径、花丛。留下的空间可铺设地坪，放置摇椅、桌凳、遮阳伞等，供人休息、小憩。花丛式的布置低矮植株可让人感到空间比实际面积大，有较好的活动和观赏效果。

设计花园时，自然式、规则式、花丛式等各种形式均可选择。在一个院子中可选定一种风格，如在大的庭院中，也可根据主人的喜好，在同一园子的不同地段进行不同的选择。这就更需要对全园做出规划，合理安排，使人不感到杂乱。

4）营造法

第一步：明确花园的使用功能。

在设计花园之初，应该对花园的功能有一个明确的定位，确定是以种植用于观赏的花草植物，还是成为种满了蔬菜的园子，或者是以空旷的草坪加健身娱乐为主。如果希望花园具有多种功能，那么就应先确定一个最主要的功能，然后进行设计。

第二步：满足感官的需要。

建造出最具吸引力的景观，搭配出最和谐的色彩、芳香的植物、清脆的鸟鸣、潺潺的水声等来满足住户的观赏性。要形成花园的特色，植物是非常重要的环节。多年生植物、矮小植物、可食用植物，可选择的品种是很多的，要注意合理搭配，考虑气候条件、种植面积、经费预算等。

第三步：定位花园的设计风格。

花园的整体风格是设计者希望让住户产生怎样的感觉。如一个整齐规划的花园；或者是一个有

着东方神秘气息的花园；其中华丽的欧式、自然的中式、有禅意的日式、甜美梦幻的田园式、意大利的台地式等都可以成为选择的风格。

第四步：精心选择花园小品。

装饰配件是最能体现花园特色的地方，往往一个小的花园饰品就能起到点睛之笔的作用。通常使用的花园饰品有陶罐、陶艺、美丽的花瓶花盆、雨花石的精心布置等。

做好花园设计这四个步骤，相信呈现出来的一定会是一个诗意盎然的美丽花园（见图 9-34 ～图 9-37）。

❀ 图 9-36

❀ 图 9-34

❀ 图 9-37

## 三、露台设计

露台一般指屋顶平台或面积较大的露天阳台，一般露台的周围只有栏杆没有玻璃，也没有屋顶，这样我们更容易看清周围的景色。利用它，我们可以尽享阳光带来的欢愉。露台设计的方案比较多，可做成露台阳光房、小书房、露台花园、露台菜园、烧烤平台，多以娱乐休闲功能为主，这样的家会让你感觉到更加轻松自在（见图 9-38 ～图 9-41）。

❀ 图 9-35

图 9-38

图 9-39

图 9-40

图 9-41

*课后作业*

　　收集不同风格的家居效果图，了解不同功能空间的布局与设计方法，并掌握材质的应用与搭配的方法。

# 施工流程篇

# 第十章　室内设计与施工流程

教学目的：通过理论知识的学习使大家了解住宅室内设计与施工流程，以便更好地服务于实际项目的设计。

教学要求：对室内设计流程、设计内容及施工工艺有一定的理解。

## 第一节　室内设计流程与设计内容

室内设计的实施需要标准的依据室内设计的流程来实施，大体可以分为以下几个阶段。

### 一、项目勘测、量房阶段

在正式设计前，必须先了解项目的地理位置、周边环境设施、业主的家庭情况（职业、家人、年龄、爱好、习惯等）。经过实地现场量房，获取平面尺寸、窗户、门、梁、柱子、承重墙的位置及高度，原有水、电、煤气、空调等设施的位置。主要步骤如下。

（1）带上量房的工具，如卷尺、测量仪、靠尺、相机、纸、笔（最好两种颜色）。

（2）首先从入户门开始，应用卷尺沿墙角的地面绕一圈量，测量范围包括各个房间墙地面长、宽、墙体及梁的高度与厚度、门窗高度及距墙距离等；在测量高度时最好用上红外线测量仪器，这样更便捷、准确。

（3）用卷尺测量一个房间的具体长度、高度时，长度要紧贴地面测量，高度要紧贴墙体拐角处测量。

（4）在户型图上用另一种颜色笔画出梁的位置、高度及宽度；明确标出空调孔及排水管、地漏的位置；在阳台处需标出雨水管位置及地漏，方便做设计处理。

（5）还需要提供室内各方向的墙面照片，需带顶面房梁走向，有特殊结构的需特写照片等。

（6）现场考察室内的采光与通风效果，并做好相关记录，方便后期改造不足之处。

### 二、策划阶段（包括任务书、收集资料、设计概念草图）

（1）任务书由甲方或业主提出。一般包括：①使用功能；②确定面积；③设计理念；④风格样式；⑤预算情况。

（2）收集资料。包括：①原始土建图纸，见图10-1；②现场勘测，见图10-2和图10-3。

（3）设计概念草图，由设计师与业主共同完成。包括：①反映功能方面的草图；②反映空间方面的草图；③反映形式方面的草图；④反映技术方面的草图。

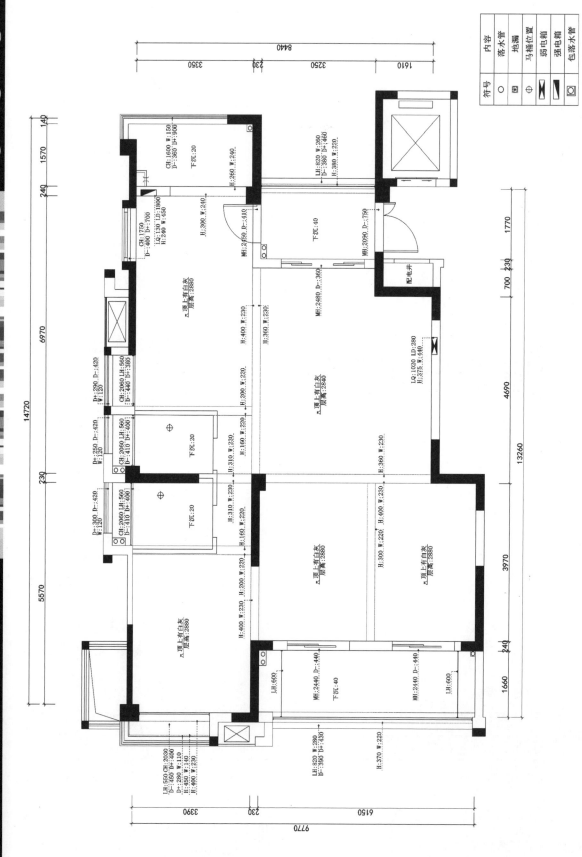

图 10-1

图　10-2　　　　　　　　　　　　　　　　　　　图　10-3

## 三、方案阶段（包括概念草图深入设计、与土建和装修前后的衔接、协调相关的工种、方案成果）

（1）在概念草图的基础上,深入设计,进行方案的分析和比较。包括：①功能分析；②交通流线分析；③空间分析；④装修材料的比较和选择。

（2）与土建和装修的前后衔接。包括：①不足与制约；②承重结构；③设施管道。

（3）相关工种协调（设备优先原则）。包括：①各种设备之间的协调；②设备与装修的协调。

（4）方案成果（作为施工图设计、施工方式、概算的依据）。

包含设计说明、平面图、立面图、效果图、模型、材料样板、动画等（见图 10-4 和图 10-5）。

图　10-4

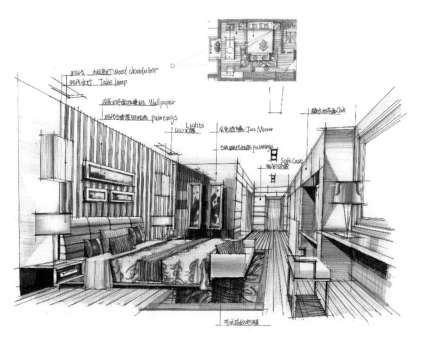

图 10-5

## 四、施工图阶段（涉及造型、材料、做法，包括装修施工图、设备施工图）

（1）装修施工图。

① 工程材料做法表、饰面材料分类表、装修门窗表。

② 隔墙定位平面图、地面铺设尺寸平面图、吊顶尺寸图、水路布置图。

③ 剖立面图。

④ 大样图、节点详图。

（2）设备施工图。包括以下方面。

① 给排水：给排水系统、给排水布置、消防喷淋。

② 电气：强电系统、灯具走线、开关插座、弱电系统、消防照明、消防监控。

③ 暖通：暖通系统、空调布置。

## 五、设计图纸

规范的 CAD 制图是室内设计行业中约定俗成的模式，起着重要的沟通方案的作用。如以下主要用于表现图纸的内容。

（1）平面布置图。其作用是表示室内空间的平面形状和大小，以及各个房间在水平面上的相对位置，表明室内设施、家具配置和室内交通路线。平面图控制了纵横两轴的尺寸数据，是视图和制图中的基础，是室内装饰组织施工及编制预算的重要依据。依据顺序，重点的图纸内容包含以下几个方面：户型的原始结构图、拆墙定位图、平面布置图，图纸中需要非常清晰地了解实际户型的真实尺寸，并进行家具陈设的布局。

（2）地面铺装图。需要填充地面材质，如石材、木材、瓷砖等类型。在图纸中每个房间的尺寸、颜色、材料名称都是必须要标识出来的。

（3）顶棚设计图。需要标明灯具的位置、空调设备、材质的名称、吊顶的标高、详图索引符号的注释，绘制好顶棚的造型。

（4）开关线路图。在顶棚设计图的基础上进行开关与灯具的连接，看图纸可以很明确地知道如何用开关控制室内的采光。在这类设计中需要按照人的行为方式来准确定位。

（5）插座布置图。需要了解每个家用电器使用的不同插座及安装的位置，应依据墙体来定位，标出尺寸。

（6）冷热水路图。厨卫及阳台所有下水、出水的具体位置与高度需要标识，水管的布局都应用粗线绘制出来。不同的下水管径应有说明。

（7）立面设计图。应包括各个房间重要的垂直面的造型，应用材质、色彩、质感的效果，通常会应用到对称、重复、比例、构成、韵律等造型结构，构造应以详图来索引。

（8）节点详图。是施工工艺的剖立面的表现，绘制时较讲究细节。

以下是一套中式家装设计方案文本的部分内容，包含ＣＡＤ方案与施工图纸，它们是具体施工参照的依据，见图 10-6～图 10-25。

## 装饰施工图目录

| 序号 | 图纸名称 | 图号 |
|---|---|---|
| 01 | 目录 | P-00 |
| 02 | 设计说明 | S-01 |
| 03 | 强弱电配电系统图 | S-02 |
| 04 | 施工要求（一） | S-03 |
| 05 | 施工要求（二） | S-04 |
| 06 | 施工要求（三） | S-05 |
| 07 | 原始结构图 | P-01 |
| 08 | 墙体拆除图 | P-02 |
| 09 | 墙体定位图 | P-03 |
| 10 | 平面布置图 | P-04 |
| 11 | 地面材质图 | P-05 |
| 12 | 地面材质尺寸图 | P-06 |
| 13 | 吊顶布置图 | P-07 |
| 14 | 吊顶尺寸定位图 | P-08 |
| 15 | 灯具定位图 | P-09 |
| 16 | 开关线路图 | P-10 |
| 17 | 强电布置图 | P-11 |
| 18 | 弱电布置图 | P-12 |
| 19 | 冷热水布置图 | P-13 |
| 20 | 插座布置图 | P-14 |
| 21 | 立面索引图 | P-15 |
| 22 | 客厅/入户立面图A | L-01 |

续表

| 序号 | 图纸名称 | 图号 |
|---|---|---|
| 23 | 客厅/入户立面图C | L-02 |
| 24 | 客厅/过道立面图D | L-03 |
| 25 | 客厅/入户立面图B | L-04 |
| 26 | 餐厅立面图A | L-05 |
| 27 | 餐厅立面图B | L-06 |
| 28 | 餐厅立面图D | L-07 |
| 29 | 厨房立面图C | L-08 |
| 30 | 厨房立面图B/D | L-09 |
| 31 | 主卧立面图A | L-10 |
| 32 | 主卧立面图B | L-11 |
| 33 | 主卧立面图C | L-12 |
| 34 | 主卧立面图D | L-13 |
| 35 | 主卫立面图B | L-14 |
| 36 | 主卫立面图C/D | L-15 |
| 37 | 书房立面图A | L-16 |
| 38 | 书房立面图B | L-17 |
| 39 | 书房立面图C/D | L-18 |
| 40 | 次卧立面图A | L-19 |
| 41 | 次卧立面图B | L-20 |
| 42 | 次卧立面图C/D | L-21 |
| 43 | 客卧立面图A/C | L-22 |
| 44 | 客卧立面图B | L-23 |

图 10-6

住宅空间室内设计

# 设 计 说 明 （请业主及施工人员仔细阅读并确认）

## 一、业主设计要求

**具体内容：**

空间布局划分：两厅、一厨、四室、两卫，空间通透、空气流通。

## 二、设计风格说明

**具体内容：**

本案室内设计定位的是简中风格，白色和红棕作为主色调，室内多采用对称式的布局方式，格调高雅、整体造型优美。色彩简约而稳重。客厅电视背景墙采用硬包与钨钢来搭配，沙发背景墙为墙板与编织物相结合，再加上实木线条，营造出一种温馨的中式风情，同时也协调了以白色为主的空间加上棕色为主的家具陈设，让人有一种清新自然的感觉。而穿插其中的棕色和棕色带有元素，为空间增添了一种古典华丽的基础上，既体现出了时尚品位，又营造了典雅的地方氛围。

## 三、设计图纸说明

1. 图纸放样：因为在原建筑结构中，各处地面、墙面、吊顶等尺寸都可能产生一定小误差、偏离，所以在依本图纸到该施工现场放样时，必须以现场的实际尺寸为基础进行一定的调整，以保证施工的准确性。在放样过程中该设计师必须到场配合施工放料。

2. 其他要求：水电工程有管线敷完毕后，业主在施工过程中若需进行设计变更，则变更后的设计图纸所有的有效工程保修。业主设计竣工图，以切实保证今后为竣工正式图纸使用，被变更的图纸同时申请作废，并在设计变更后的新图上注明：设计变更说明。

## 四、强弱电说明

本装修设计内容包括：照明配电、插座、电视、电话、宽带网布线。

---

## 1. 照明配电：

(1) 设置于楼梯间处的总电表箱，分配电箱应暗装，底边距地1.8米。卫生间热水器插座底边距地

2.4米。卫生间厨房插座底边距地1.6米暗装，洗衣机插座底部距地1.2米暗装，厨房插座底部距台面0.2米暗装，抽油烟机插座底边距地1.8米，空调插座底边距地2.3米安装（柜式空调底边距地0.3米，床头柜，写字台及电视柜插座底部距台面0.1米暗装，其他插座底部距地0.3米暗装应采用安全型。

(2) 导线选用及敷设方式，采用PVC塑料管保护，沿顶棚沿墙内或沿地敷设，灯头盒与灯具之间采用金属软管保护。穿管导线不允许有接头，应在分支处加接线盒，照明支线用BV-2.5mm，插座支线用BV-3×2.5mm。

(3) 住户内暗开关中心距地1.4米暗装，距门边0.15～0.2米，a，b，c，d…等字母表示灯具型号。

(4) 插座线均为三芯线，火线为红色，零线为浅蓝、接地为双色线，图中不标。

(5) 导线敷设符号：CC-暗敷在屋面或顶面板内；WC-暗敷在墙内；FC-暗敷在地面或地板内。

(6) 洗衣机插座带开关及防溅盒。

(7) 电器保安接地应地区质设计。

## 2. 电话

(1) 本设计为暗配管布置，分支器设置在暗埋接线盒暗装，入户配线为HBV-4×0.6，电话出线盒底边距台面0.1米暗装，其他电话出线盒底边距地0.3米暗装。

(2) 配线：太阴牌4芯电话线，1～4根配PVC16；5～6根配PVC20。

## 3. 电视

本设计为暗配管布置，分支器设置在暗埋接线盒内，入户配线为SYWV-7.5-5，电视出线盒底边距台面0.1米暗装。

## 4. 音响

本设计为暗配管布置，音响出线盒放置功放后面隐藏暗装敷线。

## 5. 宽带网系统

(1) 本设计为暗配管布置，超五类UTP线线缆暗敷，信息插座底边距地0.3米暗装，入户配线为：超五类UTP缆线。

(2) 家庭网络集中箱内所需220V电源引自户内配电箱出线回路。

## 五、补充说明

土建施工时，电气人员应密切配合按图预埋或预留好电线管，接线盒等。

施工时请遵守《福建省家庭装饰工程质量地方标准》DB35/98-2005。

图 10-7

# 强弱电配电系统图

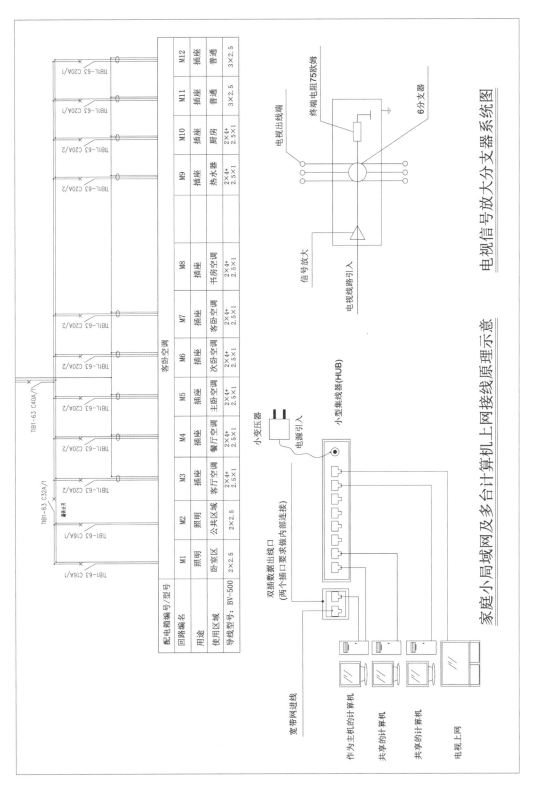

| 配电箱编号/型号 | | | | | | | | | | | | |
|---|---|---|---|---|---|---|---|---|---|---|---|---|
| 回路编号 | M1 | M2 | M3 | M4 | M5 | M6 | M7 | M8 | M9 | M10 | M11 | M12 |
| 用途 | 照明 | 照明 | 插座 | 插座 | 插座 | 插座 | 插座 | 插座 | 插座 | 插座 | 插座 | 插座 |
| 使用区域 | 卧室区 | 公共区域 | 客厅空调 | 餐厅空调 | 主卧空调 | 次卧空调 | 客卧空调 | 书房空调 | 热水器 | 厨房 | 普通 | 普通 |
| 导线型号:BV-500 | 2×2.5 | 2×2.5 | 2×4+ 2.5×1 | 2×4+ 2.5×1 | 2×4+ 2.5×1 | 2×4+ 2.5×1 | 2×4+ 2.5×1 | 2×4+ 2.5×1 | 2×4+ 2.5×1 | 2×4+ 2.5×1 | 3×2.5 | 3×2.5 |

各卧空调

电视信号放大分支器系统图

电视信号放大分支器系统图

终端电阻75欧姆

6分支器

电视出线端

信号放大

电视线路引入

家庭小局域网及多台计算机上网接线原理示意

小型集线器(HUB)

小变压器

电源引入

双插数据出线口
(两个插口要求做内部连接)

作为主机的计算机

共享的计算机

共享的计算机

电视上网

宽带网进线

图 10-8

第十章　室内设计与施工流程

137

# 进场、砌墙、防水、铺砖施工要求

## 防水施工要求

1. 基层表面应平整，不得有松动、空鼓、起砂、开裂等缺陷，阴阳角等部位，应先做防水附加层。
2. 地面、套管、卫生洁具根部、阴阳角等部位的防水要到位。
3. 防水层应从地面卷起到墙面、浴室内墙部位的防水层要到位。
4. 防水砂浆的配比应符合设计或产品的要求，防水层与基层结合牢固，表面应平整，不得有空鼓、裂缝和麻石起砂。
5. 涂膜涂刷应均匀一致，不得漏刷，总厚度控制在1mm以上应符合产品技术性能要求。
6. 防水工程应做蓄水试验，蓄水时间为48小时。

## 铺砖施工要求

1. 瓷砖铺贴前须预先选砖，砖规格、尺寸、平整度、颜色有差异的不能铺贴。
2. 瓷砖铺贴空鼓率在5%以内合格，空鼓没超过整片面砖的15%不视为空鼓。
3. 地面砖铺贴不能积水，地面须泛水坡度（5度）。
4. 砖面平整度，垂直度须符合标准，在2平方米范围内不超过<2毫米。
5. 瓷砖切割处平整，阳角做45°碰角处理。
6. 砖缝须清理干净后方可勾缝。
7. 水泥砂浆配合比到位，不得直接使用纯水泥浆铺砖。
8. 后期与地面金刚板、木地板之间交接处预留尺寸到位，不能太多或太少，否则影响使用。
9. 金刚板找平面不得压光，但也不可起砂，地面平整度须符合标准。

CENERAL. NOTES备注：

## 进场施工要求

1. 进场做成品保护（门窗），成品交接（配电箱、对讲门铃等）。
2. 现场配备消防工具（灭火器、沙箱）并摆设明显位置。
3. 要求施工方挂贴警示牌、施工进度表、施工工艺规范、施工图纸。
4. 拆除墙体前，先保护好下水口，避免杂物掉入造成堵塞。
5. 施工中配备临时大便器。
6. 天花板白灰铲除、空鼓铲除。
7. 原设计图纸须拆除原建筑墙体时，主电源配电箱等电线不可移动，承重墙体及梁柱不须破坏、复式楼露台防水层不可破坏。

## 砌墙粉刷施工要求

1. 厨房、卫生间必须做制反水浆（混泥土加小石子预制）。
2. 新旧墙体交接处砌墙须打*拉结筋*高度每500mm一根。
3. 新旧墙体铺刷须用*挂墙*网宽200mm网径10mm*10mm方可用1:3砂浆粉刷，各返新旧墙100mm，如超过必须用加强网，粉刷层厚度不可超过35mm。
4. 门洞过梁须采用钢筋水泥预制混凝土过梁，避免空鼓脱落，厚度100mm，梁长度须超过门洞左右各10mm，直径8mm钢筋二条。
5. 现场所有做木门框，须定位为12分墙体。
6. 砌墙当天砖不能直接砌到顶，同隔时间分两次砌筑，到顶后留顶方白天须预先铲除方可施工，最顶上一排砌砖须用斜砌法。
7. 粉刷墙平整度，垂直度须符合标准两平方米范围内4mm为合格。
8. 粉刷好的墙体须洒水护养。

注意事项：1. 墙体拆砌图门位已扣除木作尺寸，但仍需得到木作确定方可施工。墙体拆砌墙诸核对图纸尺寸，如有5CM以上尺寸误差请联系设计师，得到核对确定方可施工。否则责任施工方自负。

2. 瓷片款式规格在施工前需经设计师同意才能使用，铺设方式参考图纸，但实际铺设需以现场为准。非造型特定要求，应以低损耗铺设方法为首选。

# 电施说明、水电施工要求

## 电施说明

一、电气设计内容包括：二次装修设计。

二、导线选用及敷设方法：导线选用南平太阳牌铜芯聚氯乙烯导线BV-500V。配线时，红色电线为相线（L）、蓝色电线为零线（N）、双色线为接地保护线（PE），开关回头线为黄色或绿色。穿管导线不允许有接头，应在分支处加装接线盒。

照明线路：照明电源线用BV-2.5mm²，照明支线用BV-2.5mm²，吊灯及连接开关的支线用BV-2.5mm²。

插座支线：插座支线用BV-3x2.5mm²，其中BV-（2-3）PVC16，BV-（4-6）PVC20。

空调线路、插座线路均采用BV-2x4mm²+BV-1x2.5mm²。

三、电气设备安装高度：

1. 分配电箱应采用暗装，底边距地1.8m。

2. 普通暗插、立式空调插第一排距地一般距地0.3m，挂式空调及热水器暗插一般距地2.2m。

3. 弱电（电话、电视、网络等）入户后设弱电集中箱，底边距地0.3m，距门边0.1~0.15m。

4. 暗开关及调控开关中心距地1.4m，距门边0.15m。

5. 厨房插座按图纸标注标高。

四、其他：

1. 单项插座应注明时为二加三孔组合插座，每组按100W计，计算机插座每个按300W计算。

2. 漏电开关及漏电动作电流除图注外均为30MA，注意保护线（PE）不得通过漏电开关。

3. PVC管敷设应根据施工图管线走向有序敷设尽量减少弯曲。

4. PVC管弯曲不大于90°，弯曲半径不小于管内径的6倍。

5. 强弱电线不得在同一条内敷设，不能进行同一接线盒。

注意事项：

1. 凡近门洞边开关均离门洞100mm。

2. 镜前灯标高无特别标明均为1900mm。

3. 门口开关标高均为1400mm，床头开关标高600mm，床头开关高为600mm。

4. 房间床头摇臂建灯，标高为1000mm。

5. 所有电线均采用相应的国标线，本图所有标高均于标准地面高度为基准。

## 水电施工要求

1. 强电弱电须分管分盖，有特殊情况不能分开的，甲乙双方现场协商。

2. 电源插座底边距地宜为300mm，平开关底边距地宜为1400mm。

3. 厨房总进线、空调、热水器、使用专线4mm²冰箱、谷霸使用专线2.5mm²（1.25匹以内的空调可使用2.5mm²）所有导线截面积应满足用电设备的最大输出功率。

4. 室内所有电路颜色须分色使用，接地线使用专用接地线。

5. 电盒套管均不得超过管截面40%，超过须加管分开。

6. 暗盒埋设标高误差不超过标准范围同一房间水平误差＜5mm。

7. 塑料电线保护管及接线盒必须用阻燃型产品，外观不应有破损、折扁、裂缝及变形，管内应无毛刺，管口应平整。

8. 套内所有线路须套管使用，有接线处均须加设接线盒。

9. 水电线并行间距不少于200mm，水路走向：左热右冷，且冷热管须分开150mm。

10. 水路试压前不得封蔽，电路验收前不得封蔽。

11. 排水管要改时，须留设泛水坡度5%，且地漏不可与其他下水管共用。

12. 地面走线、走管，横平竖直。

13. 补线槽水泥标号不能超过原墙体标号，须比其低些。

14. 厨房卫生间地面不能走线管。

15. 套内所有旧线一律不得使用，均须换除。

16. 临时接线必须使用专用插座，不能乱拉乱接。

CENERAL. NOTES 备注：

图 10-10

# 木作及油漆施工要求

## 木作施工要求

1. 面板上不得打钉，否则视为不合格，胶水须粘贴到位。

2. 收口线条须加胶水粘贴，且须修顺，修平。

3. 硅酸钙板钉须使用自功螺钉固定间距15cm左右，且板与板之间，板与墙体之间可留缝3~5mm，仿口处板面须切割平整、顺直。

4. 吊顶及木作内走线均须套管。

5. 木地板地龙骨安装工艺，地龙骨根据板尺寸定，正常间距600mm且面层杉木板斜45度铺设，与四周须留缝8~10mm。

6. 木工退场前须根据现场预先挖好灯孔以及插座孔。

7. 具体木作尺寸要求根据图纸施工，以现场实际为准。

8. 木工工艺要求横平竖直，工艺细腻。

9. 门缝须留均匀，边缝3mm，上缝2mm，下缝5mm。

10. 门锁、拉手、铰链位置须合理。

GENERAL. NOTES备注：

## 油漆施工要求

### 一、家具漆

1. 面板线条卫生做干净。

2. 线条水平的修平。

3. 有刷过底漆的先打磨到位。

4. 刷一遍底漆后补钉孔，钉孔须补平、补实。

5. 每喷刷油漆前必须打磨到位，无亮点。

6. 不要在湿度过大的天气下做油漆。

7. 油漆表面要求光滑、平整、饱满、无颗粒、无色差、无针孔。

### 二、墙面漆

1. 钉头牛作防锈处理。

2. 墙面天花空鼓处铲除。

3. 细木工板及实木板面不能直接与乳胶底须用底漆封闭。

4. 用专用补缝剂补水平干透后墙缝，一层网带二层纸带三层麻布。

5. 涂饰工程要涂饰均匀，粘结牢固，一层贴面板须经过设计师确定要做次确定。木作退场前须用底漆防绣漆，严禁漏涂，起皮反绣粉粉和透底。

注意事项：

1. 木作施工前必须核对所有施工图纸，木全部核对清晰或有误差不能施工，待设计师确定后方能施工。首自施工，施工方需自负担一切责任。

2. 木作框架、棚面框架、造型结构制作完毕后，需要设计师进行一次确认，确认方法为现场或现场确度的图片拍摄提交，即在贴饰面板前需要做次确定。木作退场前需用底漆方能施工，使用肌理材质以及量或现场亦需做核查。

3. 有色油漆、含家具漆及墙面漆须经过设计师确定的颜色确定方能施工。

纸等饰料亦常规性要求，诸自行同业主商讨方案措施。

4. 施工要求均为常规性要求。脱离如上标准，诸自行同业主商讨方案措施。

GENERAL. NOTES备注：

图 10-11

# 装饰设计材料表

| 符号 | 名称 | 型号 | 供应商 |
|---|---|---|---|
| PT-1 | 墙面亚白色乳胶漆 | ICI卡普林诺 | ICI |
| PT-2 | 木龙骨硅酸钙板亚白色漆 | ICI卡普林诺 | ICI |
| PT-3 | 亚白色外墙乳胶漆 | ICI卡普林诺 | ICI |
| GL-1 | 5mm厚清镜(需磨边) | | |
| GL-2 | 5mm厚钢化玻璃(需磨边) | | |
| M-1 | 紫罗红大理石(入口门槛石) | 德利 | |
| M-2 | 浅灰网大理石(房间门槛石) | 德利 | |
| M-3 | 深啡网大理石(阳台压面) | 德利 | |
| M-4 | 山西黑大理石(阳台压面) | 德利 | |
| WD-1 | 金刚板地板(卧室地面) | 擦白色(全哑光漆) | |
| WD-2 | 手抓纹金钢板 | 宜人 SI-01 | |
| WC-1 | 米黄色墙纸(公共空间) | 德国 维思戴克 | |
| WC-2 | 米黄色墙纸(卧室空间) | 德国 维思戴克 | |
| WC-3 | 米黄色皮艺软包(客厅墙面) | 德国 维思戴克 | |
| BL-1 | 白色木百叶窗帘 | 金玉满堂 帷幔系列-230 | |
| BL-2 | 绒面窗帘布 | 金玉满堂 帷幔系列-230 | |

| 符号 | 名称 | 型号 | 供应商 |
|---|---|---|---|
| TL-1 | 800×800通体砖(客厅地面) | L&D | L&D |
| TL-2 | 300×600通体砖(主卫、客卫地面) | L&D | L&D |
| TL-3 | 600×600通体砖(厨房地面) | L&D | L&D |
| TL-4 | 300×600通体砖(阳台地面) | L&D | L&D |
| TL-5 | 600×900拿铁大理石砖(书房) | L&D | L&D |
| TL-6 | 300×600通体砖(主卫、客卫墙面) | L&D | L&D |
| TL-7 | 马赛克(客厅墙面) | L&D | L&D |
| TL-8 | 600*600艺术砖(客厅墙面) | L&D | L&D |
| LG-2 | 单头斗胆灯 | PCJ70041 | 三雄 |
| LG-3 | 双头斗胆灯 | SS2235 | 三雄 |
| LG-4 | 单头射灯 | SS2234 | 三雄 |
| LG-5 | T5灯管 | 色温4300 | 三雄 |
| LK-1 | 铝扣板(主、次卫生间) | YB-012 | 友邦 |
| LK-2 | 铝扣板(厨房) | YB-012 | 友邦 |
| ST-1 | 亚光不锈钢 | | |

图 10-12

# 主材各阶段配合流程图

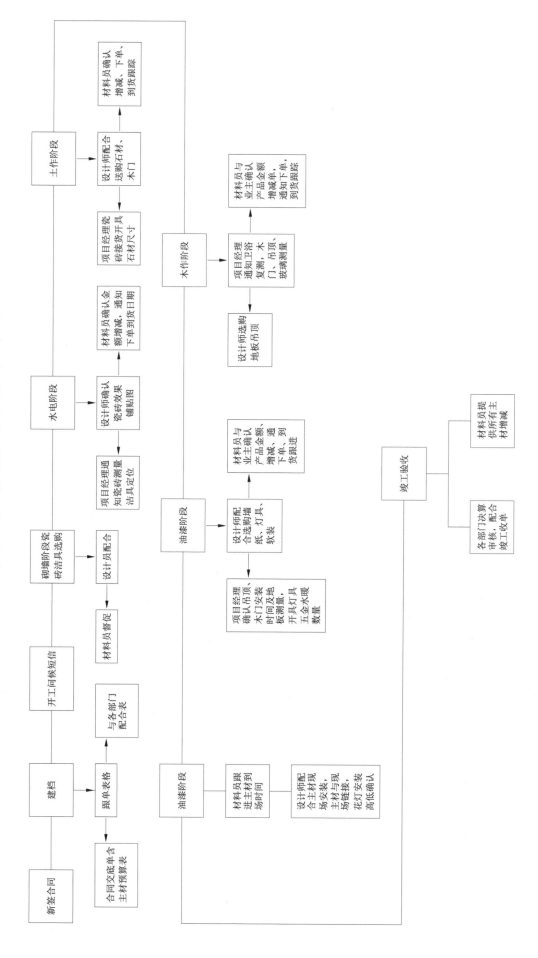

图 10-13

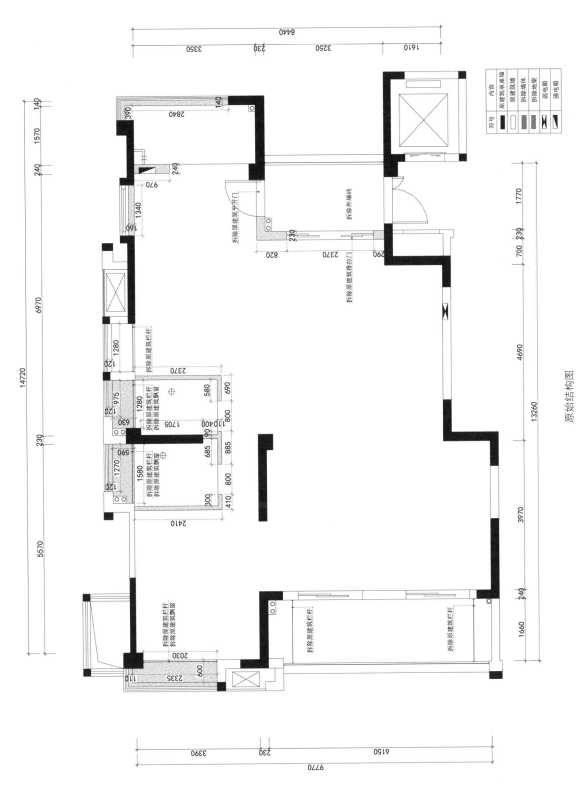

原始结构图

图 10-14

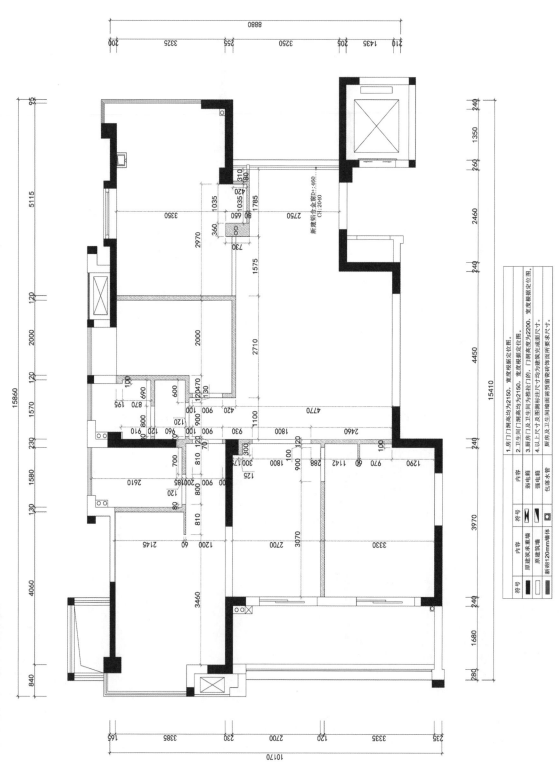

墙体定位图

⚘ 图 10-15

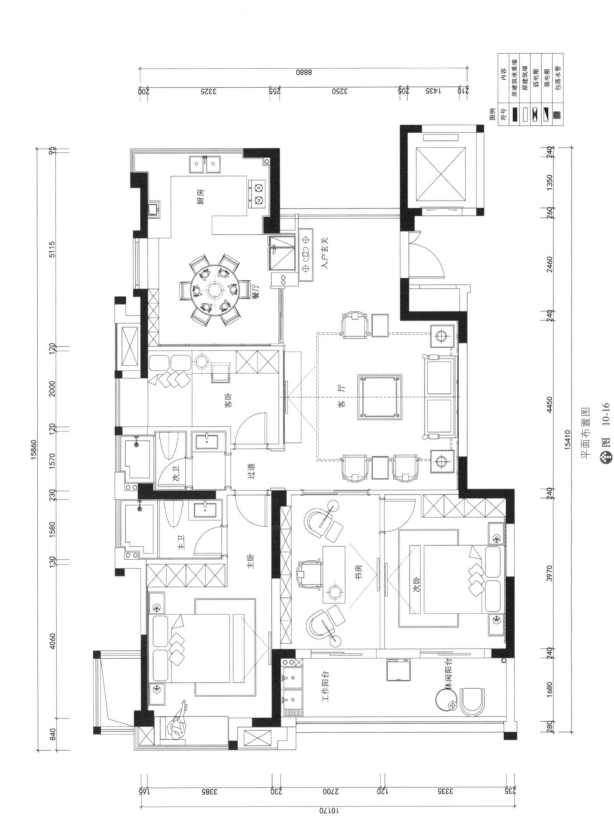

平面布置图

图 10-16

| 图例 | | |
|---|---|---|
| 符号 | 内容 | |
| ■ | 原建筑承重墙 | |
| □ | 原建筑墙墙 | |
| ✕ | 弱电箱 | |
| ╱ | 强电箱 | |
| ▨ | 包落水管 | |

厨房

餐厅

入户玄关

客卧

客厅

次卫

过道

主卫

书房

次卧

主卧

工作阳台

休闲阳台

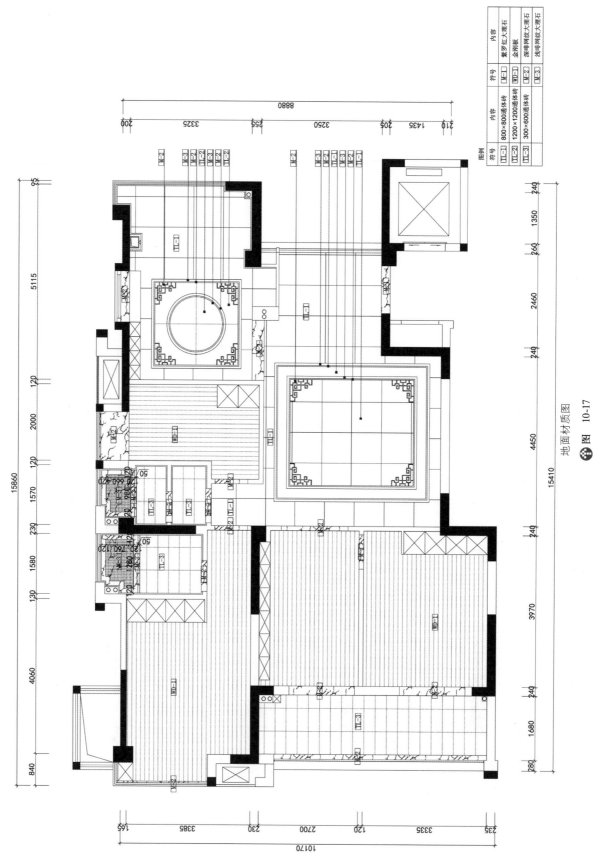

地面材质图

◆❖ 图 10-17

| 符号 | 内容 |
|---|---|
| M-1 | 紫罗红大理石 |
| WD-1 | 金刚板 |
| M-2 | 深啡网纹大理石 |
| M-3 | 浅啡网纹大理石 |

图例

| 符号 | 内容 |
|---|---|
| TL-1 | 800×800通体砖 |
| TL-2 | 1200×1200通体砖 |
| TL-3 | 300×600通体砖 |

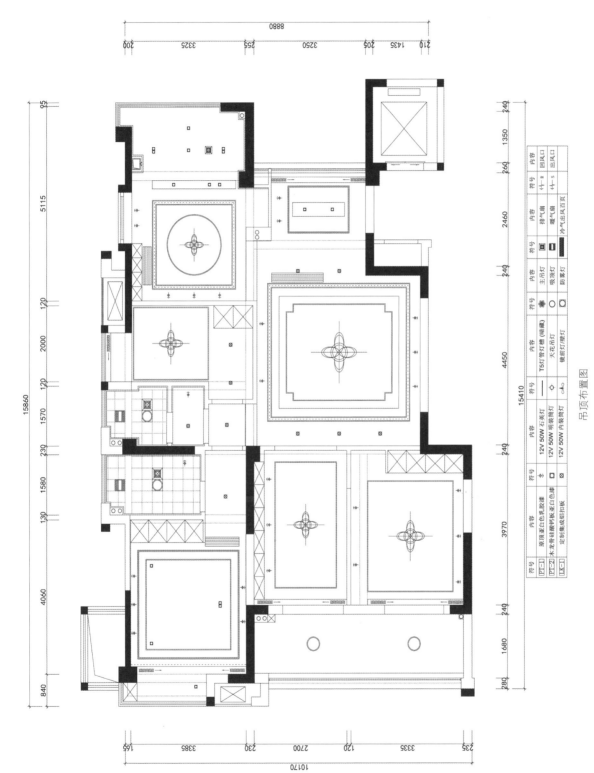

吊顶布置图

| 符号 | 内容 | 符号 | 内容 | 符号 | 内容 | 符号 | 内容 | 符号 | 内容 |
|---|---|---|---|---|---|---|---|---|---|
| 🔲 | 12V 50W 石英灯 | ⊟ | T5灯管灯槽 (暗藏) | ✿ | 主吊灯 | ▣ | 排气扇 | ↤R | 回风口 |
| 🔲 | 12V 50W 明装筒灯 | ⌾ | 天花吊顶 | ◯ | 吸顶灯 | | 暖气扇 | ↤S | 出风口 |
| ⊠ | 12V 50W 内装筒灯 | ⌾ | 镜前灯/壁灯 | ▣ | 防雾灯 | ▬ | 冷气出风百页 | | |

| 符号 | 内容 |
|---|---|
| 顶棚亚白色乳胶漆 |
| 木龙青硅酸钙板亚白色漆 |
| 定制集成铝扣板 |

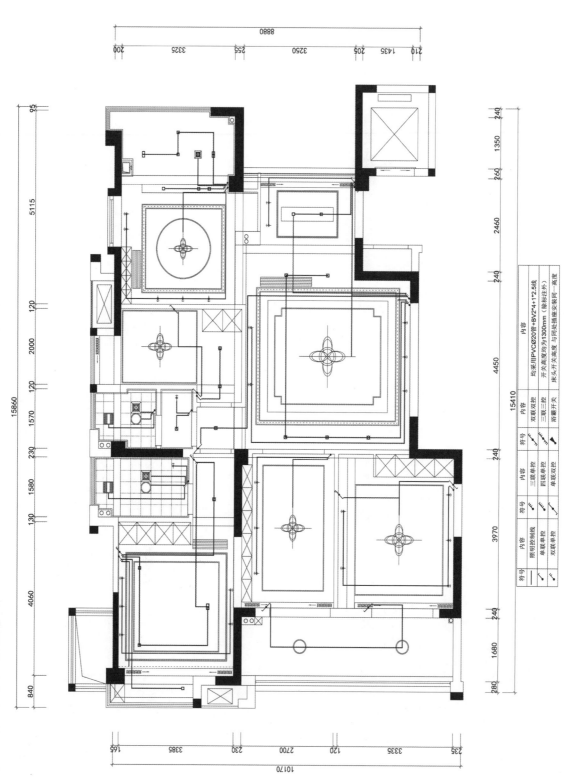

开关线路图

图 10-19

| 符号 | 内容 | 符号 | 内容 | 符号 | 内容 | 符号 | 内容 |
|---|---|---|---|---|---|---|---|
| | 照明控制线 | | 三联单控 | | 双联单控 | | 均采用PVCØ20管+BV2*4+1*2.5线 |
| | 单联单控 | | 四联单控 | | 三联三控 | | 开关高度均为1300mm（除标注外） |
| | 双联单控 | | 单联双控 | | 浴霸开关 | | 床头开关 与同处插座安装同一高度 |

15410

住宅空间室内设计

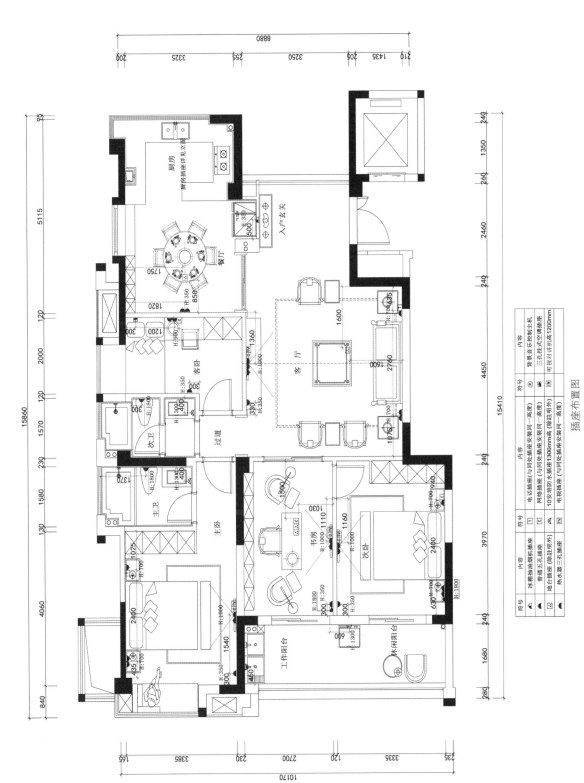

图 10-20　插座布置图

| 符号 | 内容 | 符号 | 内容 |
|---|---|---|---|
| ▲ | 冰箱插座油烟机插座 | ⊟ | 电话插座(与同处插座安装同一高度) |
| ⊡ | 普通五孔插座 | ⊡ | 网络插座(与同处插座安装同一高度) |
| ⊡ | 地台座三孔插座(除注明外) | △ | 10安培防水插座1300mm高 (除注明外) |
| ⊡ | 热水器三孔插座 | ⊞ | 电视插座(与同处插座安装同一高度) |
| ⊛ | 背景音乐控制主机 | | |
| ⊛ | 三孔挂式空调插座 | | |
| ⊡ | 可视对讲机高1200mm | | |

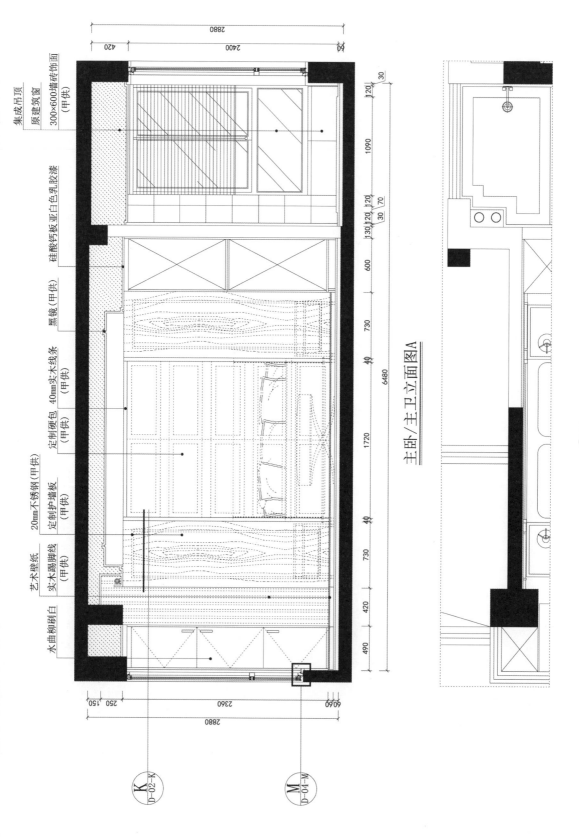

主卧/主卫立面图A

图 10-21

集成吊顶
原建筑顶
300×600墙砖饰面（甲供）

硅酸钙板亚白色乳胶漆

黑镜（甲供）

40mm实木线条（甲供）

定制硬包（甲供）

20mm不锈钢（甲供）
定制护墙板（甲供）

艺术壁纸
实木踢脚线（甲供）

水曲柳刷白

K D-02-K

M D-04-M

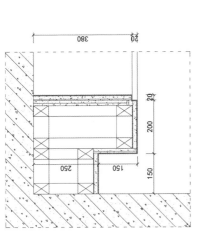

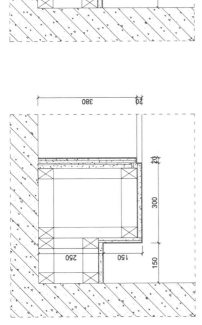

F 客卧吊顶大样图 1:5

E 次卧吊顶大样图 1:5

D 书房吊顶大样图 1:5

编织板
40mm实木线条
12mm细木工板
定制软包
示意原建筑墙体

H 客厅沙发背景墙大样图 1:5

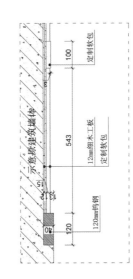

定制软包
12mm细木工板
定制软包
120mm钢钉
示意原建筑墙体

G 客厅电视背景墙大样图 1:5

主要节点大样图 图 10-22

第十章 室内设计与施工流程

餐厅效果图

图 10-23

卧室效果图

图 10-24

客厅效果图

图 10-25

## 六、工程预算与家具陈设配置

完整的家装设计方案还需要包含整套户型的工程预算与家具陈设配置,体现了硬装施工与软装协调搭配的依据。下面以一套简欧风格的别墅住宅一层为例说明,如表 10-1 和表 10-2 所示,以及如图 10-26～图 10-33 所示。

表 10-1

# 工程预算表

工程名称：××××住宅一层                           时间：××××年××月××日

| 顺序 | 工程费用名称 | 单位 | 数量 | 概预算价值（元） | | 备注 |
|------|------|------|------|------|------|------|
| | | | | 单价 | 总价 | |
| 别墅一层室内装修项目 | | | | | | |
| 一 | 基础改造部分 | | | | | |
| 1 | 拆除原墙体（打全墙） | m² | 4.3 | 30.00 | 129.00 | |
| 2 | 砌筑120mm水泥砖墙体 | m² | 3.4 | 80.00 | 272.00 | |
| 3 | 水泥砂浆粉刷 | m² | 3.4 | 42.00 | 142.80 | |
| 4 | 红砖包落水管 | m | 6.3 | 45.00 | 283.50 | 含人工费 |
| 5 | 木地板回填找平层 | m² | 15.3 | 18.00 | 275.40 | 含人工费 |
| 6 | 下沉式地面回填 | m² | 10.5 | 105.00 | 1102.50 | 含人工费 |
| | | | | 小计： | 2205.20 | |
| 二 | 入口处装修部分 | | | | | |
| 1 | 顶棚面批腻子 | m² | 5.8 | 15.00 | 87.00 | |
| 2 | 顶棚刷白色乳胶漆 | m² | 5.8 | 22.00 | 127.60 | |
| 3 | 墙面仿古砖400mm×400mm | m² | 4.5 | 80.00 | 360.00 | |
| 4 | 地面黄色大理石600mm×600mm | m² | 4.8 | 120.00 | 576.00 | |
| 5 | 定制白色鞋柜（平板柜门，清油漆饰面） | m² | 0.5 | 395.00 | 197.50 | |
| 6 | 成品双开大门 | 套 | 1 | 5000.00 | 5000.00 | |
| | | | | 小计： | 6348.10 | |
| 三 | 休闲区装修部分 | | | | | |
| 1 | 顶棚面批腻子 | m² | 12.8 | 15.00 | 192.00 | |
| 2 | 顶棚刷白色乳胶漆 | m² | 12.8 | 22.00 | 281.60 | |
| 3 | 墙面砂岩 | m² | 11 | 90.00 | 990.00 | |
| 4 | 墙面硅藻泥 | m² | 19.7 | 110.00 | 2167.00 | |
| 5 | 墙面踢脚线 | m | 11 | 50.00 | 550.00 | |
| 6 | 地面黄色大理石600mm×600mm | m² | 7.7 | 120.00 | 924.00 | |
| 7 | 地面门槛石黑金沙 | m | 3.3 | 80.00 | 264.00 | |
| 8 | 定制白色矮柜（平板柜门，清油漆饰面） | m² | 1.3 | 276.00 | 358.80 | |
| 9 | 定制白色书柜（清油漆饰面） | m² | 9.9 | 360.00 | 3564.00 | |
| 10 | 定制榻榻米（清油漆饰面） | m² | 4.9 | 200.00 | 980.00 | |
| 11 | 双面门套 | 套 | 1 | 1000.00 | 1000.00 | |
| | | | | 小计： | 11271.40 | |
| 四 | 客房装修部分 | | | | | |
| 1 | 顶棚面批腻子 | m² | 10.4 | 15.00 | 156.00 | |
| 2 | 顶棚刷白色乳胶漆 | m² | 10.4 | 6.00 | 62.40 | |
| 3 | 木龙骨硅酸钙板造型吊顶 | m² | 6.6 | 210.00 | 1386.00 | |
| 4 | 木作18厘米夹板隐藏灯槽 | m | 8 | 18.00 | 144.00 | |

| 顺序 | 工程费用名称 | 单位 | 数量 | 概预算价值（元） | | 备注 |
|---|---|---|---|---|---|---|
| | | | | 单价 | 总价 | |
| 5 | 木作18厘米夹板隐藏灯带 | m | 8 | 20.00 | 160.00 | |
| 6 | 墙面面批腻子 | m² | 28.1 | 15.00 | 421.50 | |
| 7 | 墙面刷白色乳胶漆 | m² | 28.1 | 22.00 | 618.20 | |
| 8 | 墙面背景墙实木线造型 | m | 36.4 | 90.00 | 3276.00 | |
| 9 | 墙面背景墙软包造型 | m² | 2.2 | 800.00 | 1760.00 | |
| 10 | 墙面踢脚线 | m | 12 | 50.00 | 600.00 | |
| 11 | 地面实木地板 | m² | 10.4 | 123.00 | 1279.20 | |
| 12 | 地面门槛石黑金沙 | m | 0.9 | 80.00 | 72.00 | |
| 13 | 定制不锈钢框架窗户（含清玻璃） | m² | 2.9 | 130.00 | 377.00 | |
| 14 | 白色成品门 | 套 | 1 | 3200.00 | 3200.00 | |
| 15 | 双面门套 | 套 | 1 | 1000.00 | 1000.00 | |
| | | | | 小计： | 14512.30 | |
| 五 | 客卫装修部分 | | | | | |
| 1 | 集成造型吊顶 | 片 | 36 | 5.00 | 180.00 | |
| 2 | 墙面防水处理 | m² | 18.5 | 60.00 | 1110.00 | |
| 3 | 墙面仿古砖400mm×400mm | m² | 18.5 | 80.00 | 1480.00 | |
| 4 | 地面防滑砖300mm×300mm | m² | 4.1 | 75.00 | 307.50 | |
| 5 | 铜地漏 | 个 | 1 | 90.00 | 90.00 | |
| 6 | 定制不锈钢框架窗户（含磨砂玻璃） | m² | 1.5 | 500.00 | 750.00 | |
| 7 | 定制淋浴推拉门（含清玻璃） | m² | 3.5 | 700.00 | 2450.00 | |
| 8 | 白色成品门 | 套 | 1 | 1200.00 | 1200.00 | |
| 9 | 单面门套 | 套 | 1 | 550.00 | 550.00 | |
| | | | | 小计： | 8117.50 | |
| 六 | 过道装修部分 | | | | | |
| 1 | 顶棚面批腻子 | m² | 12.7 | 15.00 | 190.50 | |
| 2 | 顶棚刷白色乳胶漆 | m² | 12.7 | 22.00 | 279.40 | |
| 3 | 木龙骨硅酸钙板造型吊顶 | m² | 9.8 | 210.00 | 2058.00 | |
| 4 | 木作18厘米夹板隐藏灯槽 | m | 16 | 18.00 | 288.00 | |
| 5 | 木作18厘米夹板隐藏灯带 | m | 16 | 20.00 | 320.00 | |
| 6 | 墙面刷白色乳胶漆 | m² | 15 | 22.00 | 330.00 | |
| 7 | 墙面踢脚线 | m | 5.9 | 50.00 | 295.00 | |
| 8 | 地面黄色大理石600mm×600mm | m² | 6.7 | 120.00 | 804.00 | |
| 9 | 单面门套 | 套 | 1 | 550.00 | 550.00 | |
| | | | | 小计： | 5114.90 | |
| 七 | 客厅装修部分 | | | | | |
| 1 | 顶棚面批腻子 | m² | 14.4 | 15.00 | 216.00 | |
| 2 | 顶棚刷白色乳胶漆 | m² | 14.4 | 22.00 | 316.80 | |
| 3 | 木龙骨硅酸钙板造型吊顶 | m² | 5.7 | 210.00 | 1197.00 | |

| 顺序 | 工程费用名称 | 单位 | 数量 | 概预算价值（元） | | 备注 |
|---|---|---|---|---|---|---|
| | | | | 单价 | 总价 | |
| 4 | 木作18厘米夹板隐藏灯槽 | m | 12.4 | 18.00 | 223.20 | |
| 5 | 木作18厘米夹板隐藏灯带 | m | 12.4 | 20.00 | 248.00 | |
| 6 | 墙面面批腻子 | m² | 25.3 | 15.00 | 379.50 | |
| 7 | 墙面刷白色乳胶漆 | m² | 25.3 | 22.00 | 556.60 | |
| 8 | 墙面沙发背景墙定制屏风 | 扇 | 6 | 70.00 | 420.00 | |
| 9 | 墙面沙发背景墙石膏线造型 | m² | 10.3 | 200.00 | 2060.00 | |
| 10 | 墙面电视背景墙实木板饰面 | m² | 14.7 | 40.00 | 588.00 | |
| 11 | 墙面电视背景墙大理石饰面 | m² | 8.6 | 30.00 | 258.00 | |
| 12 | 墙面背景墙实木线造型 | m | 13.9 | 90.00 | 1251.00 | |
| 13 | 墙面踢脚线 | m | 8.7 | 50.00 | 435.00 | |
| 14 | 地面大理石800mm×800mm | m² | 18.4 | 200.00 | 3680.00 | |
| 15 | 地面大理石收边 | m | 17.9 | 50.00 | 895.00 | |
| 16 | 地面门槛石黑金沙 | m | 1.9 | 80.00 | 152.00 | |
| 17 | 定制白色精品柜（清油漆饰面） | m² | 3 | 395.00 | 1185.00 | |
| 18 | 定制推拉门（含清玻璃） | m² | 5.5 | 300.00 | 1650.00 | |
| 19 | 单面门套 | 套 | 1 | 550.00 | 550.00 | |
| 20 | 双面门套 | 套 | 1 | 1000.00 | 1000.00 | |
| | | | | 小计： | 17261.10 | |
| 八 | 餐厅装修部分 | | | | | |
| 1 | 顶棚面批腻子 | m² | 13 | 15.00 | 195.00 | |
| 2 | 顶棚刷白色乳胶漆 | m² | 13 | 22.00 | 286.00 | |
| 3 | 墙面面批腻子 | m² | 26.4 | 15.00 | 396.00 | |
| 4 | 墙面刷白色乳胶漆 | m² | 26.4 | 22.00 | 580.80 | |
| 5 | 墙面踢脚线 | m | 11.3 | 50.00 | 565.00 | |
| 6 | 地面黄色大理石800mm×800mm | m² | 13 | 200.00 | 2600.00 | |
| 7 | 地面大理石收边 | m | 7.5 | 50.00 | 375.00 | |
| 8 | 地面门槛石黑金沙 | m | 2.7 | 80.00 | 216.00 | |
| 9 | 定制白色矮柜（平板柜门，清油漆饰面） | m² | 0.5 | 276.00 | 138.00 | |
| 10 | 定制酒柜 | m | 3 | 500.00 | 1500.00 | |
| 11 | 定制不锈钢框架窗户（含清玻璃） | m² | 21 | 130.00 | 2730.00 | |
| 12 | 定制推拉门（含清玻璃） | m² | 3 | 300.00 | 900.00 | |
| 13 | 双面门套 | 套 | 1 | 1000.00 | 1000.00 | |
| | | | | 小计： | 11481.80 | |
| 九 | 厨房装修部分 | | | | | |
| 1 | 集成造型吊顶 | 片 | 60 | 15.00 | 900.00 | |
| 2 | 墙面防水处理 | m² | 30.1 | 60.00 | 1806.00 | |
| 3 | 墙面仿古砖300mm×600mm | m² | 20.1 | 80.00 | 1608.00 | |

| 顺序 | 工程费用名称 | 单位 | 数量 | 概预算价值（元） | | 备注 |
|---|---|---|---|---|---|---|
| | | | | 单价 | 总价 | |
| 4 | 地面防滑砖 300mm×300mm | m² | 6.4 | 75.00 | 480.00 | |
| 5 | 厨房吊柜（防潮板柜体，定做烤漆柜门） | m | 9.6 | 316.00 | 3033.60 | |
| 6 | 厨房地柜（防潮板柜体，定做烤漆柜门） | m | 12.6 | 385.00 | 4851.00 | |
| 7 | 定制不锈钢框架窗户（含清玻璃） | m² | 1.5 | 130.00 | 195.00 | |
| 8 | 双面门套 | 套 | 1 | 1000.00 | 1000.00 | |
| | | | | 小计： | 13873.60 | |
| 十 | 储物间装修部分 | | | | | |
| 1 | 顶棚面批腻子 | m² | 3.4 | 15.00 | 51.00 | |
| 2 | 顶棚刷白色乳胶漆 | m² | 3.4 | 22.00 | 74.80 | |
| 3 | 墙面面批腻子 | m² | 25.6 | 15.00 | 384.00 | |
| 4 | 墙面刷白色乳胶漆 | m² | 25.6 | 22.00 | 563.20 | |
| 5 | 墙面踢脚线 | m | 7.7 | 50.00 | 385.00 | |
| 6 | 地面黄色仿古砖 600×600 | m² | 3.4 | 80.00 | 272.00 | |
| 7 | 定制白色柜子（平板柜门，清油漆饰面） | m² | 4 | 360.00 | 1440.00 | |
| 8 | 白色成品门 | 套 | 1 | 3200.00 | 3200.00 | |
| 9 | 双面门套 | 套 | 1 | 1000.00 | 1000.00 | |
| | | | | 小计： | 7370.00 | |
| 十一 | 水电装修部分 | | | | | |
| 1 | 开挖线槽、管槽、线盒 | m² | 76 | 4.50 | 342.00 | |
| 2 | 强电预埋施工（含电线及其相关辅材） | m² | 60 | 43.00 | 2580.00 | |
| 3 | 弱电预埋施工（含电线及其相关辅材） | m² | 76 | 14.00 | 1064.00 | |
| 4 | 回补线槽、管槽、线盒 | m² | 76 | 4.00 | 304.00 | |
| 5 | 排水及燃气管路预埋施工（含管材及其相关辅材） | m² | 10.5 | 83.00 | 871.50 | |
| 6 | 灯具洁具及五金安装工程（不含材料） | m² | 76 | 4.00 | 304.00 | |
| | | | | 小计： | 5465.50 | |
| 十二 | 其他装修部分 | | | | | |
| 1 | 设计总监工程设计费（不在本公司施工的） | m² | 76 | 100.00 | 7600.00 | |
| 2 | 工程费工程监理费（不在本公司施工，只做监理） | m² | 76 | 50.00 | 3800.00 | |
| 3 | 工程材料运输费（甲方供材料除外） | m² | 76 | 3.00 | 228.00 | |
| 4 | 工程材料二次搬运费（甲方供材料除外） | m² | 76 | 5.00 | 380.00 | |
| 5 | 临时清洁除渣费（不含物管收取的除渣费） | m² | 76 | 6.00 | 456.00 | |
| 6 | 竣工大清洁费（专业保洁公司保洁） | m² | 76 | 2.00 | 152.00 | |
| 7 | 成品保护费（各种临时用保护的材料） | m² | 76 | 10.00 | 760.00 | |
| 8 | 临时设施费（各种高低凳,临时用电设施） | m² | 76 | 4.00 | 304.00 | |
| | | | | 小计： | 13680.00 | |
| | | | | 合计： | 116701.40 | |

表 10-2

## 软装预算表

| 品牌货号 | 位置 | 名称 | 样图 | 产品尺寸 (mm) | 材质／色彩 | 数量 | 单价（元） | 合计（元） |
|---|---|---|---|---|---|---|---|---|
| Doaer-IP5 | 一层休闲区 | 吸顶灯 | | 300×300 | 亚克力 | 1 | 1200 | 1200 |
| msky-032SD | | 装饰画 | | 450×450 | 灰色 | 1 | 568 | 568 |
| 远业陶瓷-TZZ | | 花瓶 | | 85×150 | 陶瓷 | 2 | 300 | 600 |
| Ulike-SD2025 | | 茶几 | | 800×800×50 | 人造板 | 2 | 1000 | 2000 |
| 远业陶瓷-b8-1 | | 茶具 | | 壶高为120（带盖），底径为10，容量为900mL 杯高为80，口径为6，容量为150mL | 陶瓷 | 1 | 600 | 600 |
| 煌龙-10022 | | 棋盘 | | 500×500 | 带磁性象棋 | 1 | 320 | 320 |
| BW-BZ012 | | 抱枕 | | 400×400 | 布艺 | 6 | 100 | 600 |
| | | | | | | | 小计 | 5888 |

第十章 室内设计与施工流程

| 品牌货号 | 位置 | 名称 | 样 图 | 产品尺寸<br>（mm） | 材质/<br>色彩 | 数量 | 单价<br>（元） | 合计<br>（元） |
|---|---|---|---|---|---|---|---|---|
| Doaer-HXD257 | 一层客房 | 吸顶灯 | | 300×300 | 铁艺 | 1 | 1789 | 1789 |
| 布一堂-CL350 | | 窗帘 | | 可定制 | 布帘+<br>纱帘 | 4 | 750 | 3000 |
| msky-037 | | 装饰画 | | 450×350 | 黑色 | 2 | 350 | 700 |
| 茗朗-GFFE63 | | 衣柜 | | 2400×600×2200 | 橡胶木 | 1 | 5928 | 5928 |
| 茗朗-6602 | | 床 | | 1500×1800×450 | 杉木 | 1 | 7666 | 7666 |
| 茗朗-c6818 | | 床头柜 | | 490×410×550 | 杉木 | 2 | 960 | 1920 |
| 远业陶瓷-T01 | | 花瓶 | | 50×130 | 陶瓷 | 5 | 100 | 500 |
| 尚上美居-D003 | | 烛台 | | 60×230 | 银白 | 2 | 150 | 300 |

| 品牌货号 | 位置 | 名 称 | 样 图 | 产品尺寸(mm) | 材质/色彩 | 数量 | 单价(元) | 合计(元) |
|---|---|---|---|---|---|---|---|---|
| 惠尔-HY-01 | 一层客房 | 床边地毯 | | 1700×1200 | 涤纶 | 1 | 900 | 900 |
| | | | | | | 小计 | | 22703 |
| Doaer-453E | 一层客卫 | 防潮灯 | | 350×200×35 | PVC塑料 | 1 | 380 | 380 |
| Doaer-001 | | 镜前灯 | | 50×450 | 铝材 | 1 | 350 | 350 |
| 斯普瑞-0325 | | 洗脸台盆组合 | | 1100×600×550 | PVC板 | 1 | 4380 | 4380 |
| 斯普瑞-5980 | | 双花洒套装 | | 160×1500 | ABS工程塑料 | 1 | 1000 | 1000 |
| 斯普瑞-4012 | | 置物架 | | 500×200×420 | 金属 | 1 | 320 | 320 |
| 斯普瑞-1275 | | 马桶 | | 700×360×780 | PP板 | 1 | 860 | 860 |
| 斯普瑞-888 | | 垃圾桶 | | 290×480 | 不锈钢 | 1 | 100 | 100 |
| | | | | | | 小计 | | 7390 |

| 品牌货号 | 位置 | 名称 | 样 图 | 产品尺寸<br>(mm) | 材质 /<br>色彩 | 数量 | 单价<br>（元） | 合计<br>（元） |
|---|---|---|---|---|---|---|---|---|
| Doaer-Q8006 | 一层客厅 | 吊灯 | | 500×500 | 水晶 | 1 | 8900 | 8900 |
| 布一堂 - CL350 | | 窗帘 | | 可定制 | 布帘 +<br>纱帘 | 4 | 1250 | 5000 |
| msky-056SD | | 装饰画 | | 450×450 | 灰色 | 1 | 768 | 768 |
| 橙帝 - LS029 | | 三人<br>沙发 | | 2000×570×400 | 白色<br>皮革 | 1 | 5000 | 5000 |
| 橙帝 - LS280 | | 躺式<br>沙发 | | 1700×570×400 | 白色<br>皮革 | 1 | 5200 | 5200 |
| 橙帝 - LS280 | | 单人<br>沙发 | | 550×480×400 | 布艺 | 2 | 3300 | 6600 |
| Ulike-SD3225 | | 茶几<br>组合 | | 600×600×500×25<br>厚（小茶几）1100×<br>1100×500×25 厚<br>（大茶几） | 人造板 | 1 | 4800 | 4800 |
| Ulike-S425 | | 电视柜 | | 1860×350×500 | 橡木 | 1 | 3900 | 3900 |

住宅空间室内设计

| 品牌货号 | 位置 | 名称 | 样图 | 产品尺寸 (mm) | 材质/色彩 | 数量 | 单价 (元) | 合计 (元) |
|---|---|---|---|---|---|---|---|---|
| 远业陶瓷-TZZ | 一层客厅 | 花瓶 | | 100×500 | 陶瓷 | 1 | 500 | 500 |
| Doaer-Q1226 | | 台灯 | | 160×550×300 | 灯身材质：树脂；灯罩材质：布艺 | 1 | 650 | 650 |
| 惠尔-HY-01 | | 地毯 | | 3300×3300 | 涤纶 | 1 | 3200 | 3200 |
| | | | | | | | 小计 | 44518 |
| Doaer-w1226 | 餐厅 | 吊灯 | | 500×500 | 水晶 | 1 | 7900 | 7900 |
| Doaer-26 | | 小吊灯 | | 600×1500 | 铁艺 | 3 | 300 | 900 |
| 布一堂-C180 | | 窗帘 | | 可定制 | 布帘+纱帘 | 6 | 100 | 600 |
| msky-235 | | 装饰画 | | 300×700 | 黑色 | 1 | 269 | 269 |
| 宏伟-LT122 | | 大理石餐桌椅组合 | | 490×540×950×25厚（餐椅）1350×700×25厚（餐桌） | 木质 | 1 | 6816 | 6816 |
| | | | | | | | 小计 | 16485 |

| 品牌货号 | 位置 | 名称 | 样图 | 产品尺寸(mm) | 材质/色彩 | 数量 | 单价(元) | 合计(元) |
|---|---|---|---|---|---|---|---|---|
| Doaer-CD3014 | 厨房 | 吸顶灯 | | 300×300 | 铝质 | 1 | 429 | 429 |
| 广州樱花-V635 | | 吸油烟机 | | 520×890 | 不锈钢围板+钢化玻璃 | 1 | 1898 | 1898 |
| 广州樱花-D07 | | 煤气灶 | | 500×800 | 不锈钢围板 | 1 | 900 | 900 |
| 广州樱花-D07 | | 水槽 | | 250×350 | 不锈钢 | 1 | 798 | 798 |
| 斯普瑞-4012 | | 置物架 | | 500×200×420 | 金属 | 1 | 350 | 350 |
| 西门子-xm386 | | 双开冰箱 | | 770×910×1755 | VCM覆膜板 | 1 | 19099 | 19099 |
| 远业陶瓷-b8-1 | | 餐具组合 | | 宫廷煲为12寸；鱼盘为12寸；平盘为10寸；深盘为8寸；浅盘为8寸；面碗为6寸；饭碗为3寸 | 陶瓷 | 1 | 750 | 750 |
| 远业陶瓷-b8-1 | | 茶具组合 | | 壶高为120（带盖）；底径为10；容量为900mL；杯高为80；口径6；容量为150mL | 布帘+纱帘 | 1 | 530 | 530 |
| | | | | | | | 小计 | 24754 |
| | | | | | | | 合计 | 121738 |

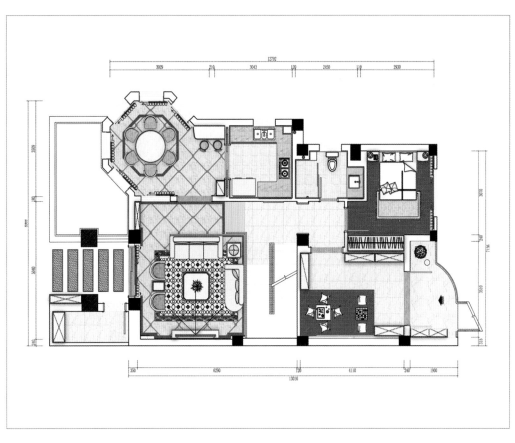

别墅一层
室内设计方案

平面设计方案
一层平面布置图
整体设计方案
色彩定位图
其他功能设计
休闲区
客房
客卫
客厅
餐厅
厨房

图 10-26

别墅一层
室内设计方案

平面设计方案
一层平面布置图
整体设计方案
色彩定位图
其他功能设计
休闲区
客房
客卫
客厅
餐厅
厨房

别墅平面图　　　　　　　客厅意向图

卧室意向图　　　　　餐厅意向图　　　　玄关意向图　　　配色表

图 10-27

休闲区　棋盘　抱枕　茶具

茶几　装饰画　吸顶灯

精品柜　矮柜　砂岩　花瓶

别墅一层

平面设计方案
一层平面布置图
整体设计方案
色彩定位图
其他功能设计
休闲区
客房
客卫
客厅
餐厅
厨房

图 10-28

客房　床铺　床头柜

花瓶

窗帘　衣柜　吸顶灯　烛台　地毯　装饰画

别墅一层
室内设计方案

平面设计方案
一层平面布置图
整体设计方案
色彩定位图
其他功能设计
休闲区
客房
客卫
客厅
餐厅
厨房

图 10-29

次卫

镜前灯　　　　洗脸台　　　　淋浴房　　　花洒

防潮灯　　　置物架　　　垃圾桶　　　马桶

别墅一层
室内设计方案
平面设计方案
一层平面布置图
整体设计方案
色彩定位图
其他功能设计
休闲区
客房
客卫
客厅
餐厅
厨房

图　10-30

客厅　　　　躺式沙发

沙发

精品柜　　　窗帘

吊灯　　装饰画

电视柜

花瓶

地毯　　单人沙发　　　茶几　　　台灯　　　屏风

别墅一层
室内设计方案
平面设计方案
一层平面布置图
整体设计方案
色彩定位图
其他功能设计
休闲区
客房
客卫
客厅
餐厅
厨房

图　10-31

餐厅　　　　　吧台　　　　　吊灯

餐桌　　　　　窗帘　　　　矮柜　　小吊灯

装饰画

别墅一层
室内设计方案

平面设计方案
一层平面布置图
整体设计方案
色彩定位图
其他功能设计
休闲区
客房
客卫
客厅
餐厅
厨房

❀ 图　10-32

厨房　　　　吸顶灯　　　餐具　　　吸油烟机

煤气灶

水槽

双开冰箱　　　　　橱柜　　　　茶具　　置物架

别墅一层
室内设计方案

平面设计方案
一层平面布置图
整体设计方案
色彩定位图
其他功能设计
休闲区
客房
客卫
客厅
餐厅
厨房

❀ 图　10-33

# 第二节　室内施工流程与步骤

## 一、施工进场

施工进场的流程如下。

（1）与施工负责人、房产物业人员约好办手续时间。

（2）明确装修业主须知，业主与物业签订有关责任合同。

（3）物业单位与施工队签订施工责任合同。

（4）业主付清垃圾清运费（根据预算洽谈的情况来办）。

（5）由业主或装修公司自己为装修队伍办理小区出入证、施工人员押金。

另外，施工队进场还需要解决如下事宜。

● 办物业手续。

● 进场原始房屋现场验收。

● 水电、木工设备进场。

● 明确设计事项，如开关、插座、保留与拆除的墙面、卫生间龙头排水布置、特殊处理。

● 门窗的五金零件要齐全，关闭后严密不漏水，开关顺畅。

● 墙壁、顶面、地面要垂直、平整，检查是否有裂缝，结构是否有问题，是否漏水。

● 厨房、卫生间、阳台的防水层无渗水现象，与地面的高差为 2cm，管道无漏水，落水管排水通畅。

## 二、主体拆改

设计做好后，接下来筹备一下就可以进入施工阶段了。在装修施工中，主体拆改是最先要做的一项，主要包括拆墙、砌墙、铲墙皮、换塑钢窗等。主体拆改主要是把空间清理出来，给接下来的改造留出足够的便利空间（见图 10-34 和图 10-35）。

❀ 图　10-34

❀ 图　10-35

## 三、水电改造

水电属于隐蔽工程，责任重大，所以施工过程中需要在材料、施工工艺、质量上严把关，需要定位开槽、管线安装、完备布线（见图 10-36 和图 10-37）。

## 四、泥工

泥工的主要工作有：改动门窗的位置，厨房和卫生间的防水处理，包下水管道。

🏠 图 10-36

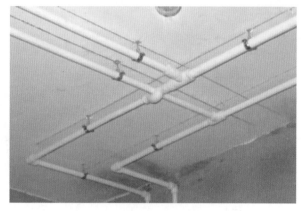

🏠 图 10-37

## 五、贴石材和瓷砖

贴石材和瓷砖的过程为：找平、弹线、试铺、浸水、混浆、涂浆、铺贴、修整（见图 10-38 和图 10-39）。

贴砖的过程中需要注意：

（1）过门石、大理石窗台的安装。过门石的安装可以和铺地砖一起完成，也可以在铺地砖之后，大理石窗台的安装一般在窗套做好之后，安装大理石的工人会准备玻璃胶，顺手就把大理石和窗套用玻璃胶封住了。

（2）地漏的安装。地漏是家装五金件中第一个出场的，因为它要和地砖共同配合安装。

🏠 图 10-38

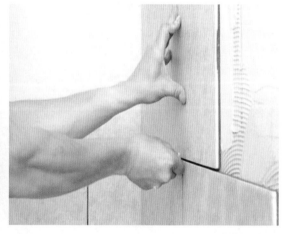

🏠 图 10-39

## 六、木工

木工主要负责定制家具的现场制作，包括顶棚、隔墙、门窗套、门窗页；家具类的有鞋柜、衣柜、吊柜、地柜；软包基础工程、木制踢脚线的制作等（见图 10-40 和图 10-41）。

## 七、刷墙面漆

油工主要负责完成墙面基层处理、刷面漆、给家具上漆（清水漆、混水漆、半混水漆、特殊效果漆等工作）。准备贴壁纸的业主，只需要让油工在计划贴壁纸的墙面做基层处理就可以（见图 10-42 和图 10-43）。

主要施工工艺如下。

清扫基层→填补腻子、局部刮腻子、磨平→第一遍满刮腻子、磨平→第二遍满刮腻子、磨平→涂刷封固

图 10-40                    图 10-41

图 10-42                    图 10-43

底漆→涂刷第一遍涂料→复补腻子、磨平→涂刷第二遍涂料→磨光交活。

　　清漆施工工艺如下。

　　清理木器表面→磨砂纸打光→上润泊粉→打磨砂纸→满刮第一遍腻子→砂纸磨光→满刮第二遍腻子、细砂纸磨光→涂刷油色→刷第一遍清漆→拼找颜色、复补腻子、细砂纸磨光→刷第二遍清漆、细砂纸磨光→刷第三遍清漆、磨光→水砂纸打磨退光、打蜡、擦亮。

## 八、厨卫吊顶

　　一切就绪之后就到了安装环节，橱柜吊顶作为安装环节打头阵的，在安装厨卫吊顶的同时，厨卫的防潮吸顶灯、排风扇（浴霸）应该同时装好，或者留出线头和开孔。如果没有当即装好，后续的安装容易出现问题，业主应该慎重考虑。通常的吊灯材料会用到 PVC 塑料扣板、铝塑板、铝扣板三种之一（见图 10-44）。

## 九、安装厨柜

吊顶安装结束后,橱柜就可以上门安装了,由于时间还宽裕,可以同时安装水槽和煤气灶,橱柜安装之前最好协调物业把煤气通了,因为煤气灶装好之后需要试气（见图 10-45）。

图 10-44

图 10-45

## 十、安装木门

在橱柜安装的第二天,就可以开始安装木门了。装门的同时要安装合页、门锁、地吸。相关五金应该及时备好。如果想让木门厂家安装窗套、垭口,在木门厂家测量的时候也要一并测量,并在木门安装当天同时安装,同时应考虑将大理石窗台的安装时间向后延,排在窗套安装之后（见图 10-46）。

## 十一、安装地板

木门安装好之后就可以安装地板了,见图 10-47,地板安装需要注意以下几个问题。

（1）地板安装之前,最好让厂家上门勘测一下地面是否需要找平或局部找平,有的装修公司或整修队会建议进行地面找平或局部找平,以地板厂的实际勘测为准。

（2）地板安装之前,家里的铺装地板的地面要清扫干净,要保证地面的干燥,所以清扫过程不要用水。

（3）地板安装时,如果有条件,地板的切割一定要在走廊。

图 10-46

图 10-47

## 十二、铺贴壁纸

壁纸铺贴之前要把家里打扫干净了,如果有条件,铺贴壁纸的当天,地板应该做一下保护,铺贴壁纸之前,墙面上要尽量做到"什么都没有"。

铺贴壁纸的主要工艺流程如下:清扫基层、填补缝隙→石膏板面接缝处贴接缝带、补腻子、磨砂纸、满刮腻子、磨平→涂刷防潮剂→涂刷底胶→墙面弹线→壁纸浸水→壁纸、基层涂刷黏结剂→墙纸裁纸、刷胶→上墙裱贴、拼缝、搭接、对花→赶压胶粘剂气泡→擦净胶水→修整 (见图 10-48 和图 10-49)。

图 10-48

图 10-49

## 十三、安装散热器

木门→地板→壁纸→散热器,这是一个被普遍认可的正确安装顺序,先装木门是为了保证地板的踢脚线能和木门的门套紧密接合;后装壁纸主要是因为地板的安装比较脏,粉尘多,对壁纸污染严重。此处再次用到前面说的"谁脏谁先上"的原则。最后装散热器是因为只有墙面壁纸铺好才能安装散热器 (见图 10-50)。

## 十四、安装开关插座

装修开工之前应该对家里各个房间预定安装的开关插座数量、位置等问题有一个详细的了解或者记录,特别是贴壁纸时,一定要用壁纸刀在你开关插座的位置开孔标示 (见图 10-51)。

图 10-50

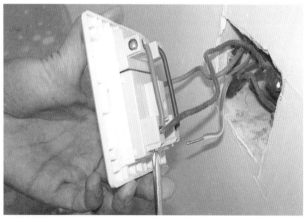

图 10-51

### 十五、安装灯具

一切都做得差不多了,接下来就可以装灯了(见图 10-52)。

### 十六、安装窗帘杆

窗帘杆的安装标志着家装的基本结束(见图 10-53)。

图 10-52

图 10-53

### 十七、安装五金洁具

装修之前应该要买好上下水管件、卫浴挂件、马桶、晾衣架等,这时候就可以一并装上。这些灯具、五金洁具装好之后,家里的装修风格就都基本成型了(见图 10-54)。

### 十八、拓荒保洁

拓荒保洁时,家里不要有家具以及不必需的家电,要尽量保持更多的"平面",以便拓荒保洁能够进行彻底的清扫。

### 十九、家具进场

水电改造之后就到了买家具的时候了,但是得等到拓荒保洁之后才可以正式进场。

图 10-54

### 二十、家电进场

家具进场之后就是家电进场了,该安装的安装,然后就可以准备入住了。

### 二十一、家居配饰

这是家装的最后一步,包括窗帘的安装都属于家居配饰环节,这些完成之后,整个家居的设计都全部展现出来了。当然,家装设计风格也会随着以后对室内摆设的重新整理而呈现出不同的韵味(见图 10-55 和图 10-56)。

图 10-55                                    图 10-56

课后作业

　　详细了解室内装修图纸与装饰配置，能够独立完成设计图纸。

第十章　室内设计与施工流程

# 案例鉴赏篇

# 附录　室内设计案例赏析

**案例鉴赏 1**：*上海家天下样板房*

**设计师**：*金赟沣*

　　本案位于上海松江区,整个户型是一栋地上三层地下两层的联排项目。地下一层是厨房与餐厅,地下二层是休闲区,地上一层是公共区（客厅、书房、活动室）；二层是老人房与儿童房；三层是主卧区。这是一个法式新古典格调与现代艺术元素相结合的设计案例。整体空间开放明亮,以蓝灰色为主基调,使用中性的黑、白色中和空间色彩,空间注重顺畅的动线与视觉的通透感觉。在功能空间上,客厅与书房、活动室既独立又共享,空间布局利用合理充分,又不缺乏趣味。主要用材有大理石、木饰面、木地板、墙纸、布艺硬包、手绘壁画等。

　　其中客厅在布局上以中心对称的方式摆放与装饰家居陈设,顶棚应用了藻井式吊顶设计搭配简欧水晶吊灯,增强了空间的进深感；优雅的法式经典蓝背景墙、黄色丝质布艺与地毯纹样,挂画像搭配,展现了精致、细腻兼具自由、奔放的空间格调。餐厅格调高雅,顶棚以间接照明的方式,凸显时尚大气的氛围,并设置了共享的吧台,在地面铺装上应用了虚拟的界定,视觉中心墙面的壁画古典婉约。老人房以稳重的咖色为主进行壁纸、地毯、床单的搭配；主卧室背景墙以浅蓝色背景搭配白色的木质边框并与地毯相互呼应,在功能上还设置了独立的更衣室与梳妆台；主卫用材明亮、整洁,见附图 1～附图 10。

附图 1

附图 2

附图 3

附图 4

附图 5

附图 6

附图 7

附图 8

附图 9

附图 10

**案例赏析 2：常熟信一隆庭 A 户型中式风格样板房**

设计单位：常熟市禾景装饰工程有限公司

设计师：陈静

项目地址：江苏省常熟市

项目面积：147 平方米

本案为苏州瑞珀置业开发的信一隆庭项目的中式风格住宅样板房。位于江南福地常熟，一个文化底蕴深厚、文化名人辈出的江南古城的新城的核心区域。主要材料有雅士白大理石、仿大理石瓷砖、天然本色橡木多层实木地板、橡木白开放漆木饰面、定制壁纸、天然贝壳马赛克、银镜等。

为了更好地诠释信一隆庭的时尚、优雅的品牌个性，传达常熟这块在中国传统文化上的深厚底蕴和文化圣地的地域特征，设计师将当下最流行的中国元素融入空间的营造中，诠释一种雅致、素简而又充满文人情怀的意境空间。其中取意中国水墨的浓淡变化的运用，更是淋漓尽致地体现了中式空间的东方味道。从而使观者感受中国传统文化的艺术魅力，见附图 11～附图 17。

中国的象形文字、绘画、陶瓷、家具等是世界上最具个性的独特的文化，具有鲜明的个性和独特的艺术魅力。中国文化随着丝绸之路传播到全世界，加强了西方世界对中国文化的认知。为了使空间既具有东方文艺范儿，又符合现代人家居生活的要求和审美，设计师不是把中式元素做外形上的简单罗列，而是通过壁纸的灰度明暗的变化、定制的工笔花鸟的壁纸、瓷器的意蕴和具有中式明代气韵的现代木质餐桌椅的素简来写意抒怀，营造蕴含中式情怀的写意中式空间。

空间的主体基调十分素雅，很有中国写意山水的风骨，但若仔细品味，则会发现设计师通过灰色调壁纸的浓淡和镜面的虚实变化，使空间空灵而写意，瓷器上的花草蔓延到定制的壁纸背景上，芬芳吐艳、暗香浮动，散发出中式的儒雅气质。

在灯光的运用上，设计师在满足照度的情况下，力求简约，摒弃常规的照明方式，除餐灯采用中式禅味的竹灯外，没有任何其他的主灯，使整个顶面干净而空灵，在亮度和方式上采用重点照明和烘托气氛的漫反射照明相结合的手法，营造出浓妆淡抹总相宜的画境。

附图 11

附图 12

附图 13

附图 14

附图 15

附图 16

附图 17

**案例赏析 3：中国香港名家汇样板房设计（见附图 18 ～附图 34）**

**设计师：梁志天**

　　梁志天先生的建筑与室内设计思想是："主张把建筑与室内设计相融合,设计无方程式;对空间的运用及美感营造相当敏锐。"这是我国香港著名设计师梁志天设计风格的独特之处。

　　在室内空间方面,梁志天则能运用其建筑师的专业角度,认真处理室内每个空间,致力于彰显完美的空间运用和光线配合。擅长中高端的简约时尚风格,并融合亚洲文化及艺术于生活之中,彰显屋主的独特风格、个性、喜好及文化背景,为空间添上生命色彩之余,将室外的风景与室内的功能空间相结合,形成大气简洁的直线条构筑空间。在使用材质方面也是最大化地进行艺术搭配应用,在色彩上以大气简洁耐看的中性色系为主,处处缔造舒适和谐,以达到"天人合一"的完美境界。

附图 18　　　　　　　　　　　　　　　　　附图 19

附图 20　　　　　　　　　　　　　　　　　附图 21

附图 22　　　　　　　　　　　　　　　　　附图 23

附图 24

附图 25

附图 26

附图 27

附图 28

附图 29

附图 30

附图 31

附图 32

附图 33

附图 34

案例赏析4：深圳湾一号（T6-12B）（见附图35～附图43）
设计师：梁志天

🐾 附图35

🐾 附图36

🐾 附图37

附图 38

附图 39

附图 40

附图 41

附图 42

附图 43

案例赏析5：深圳湾一号（T8-11A）（见附图44～附图60）
设计师：梁志天

附图44

附图45

附图46

附图 47

附图 48

附图 49

附图 50

附图 51

附图 52

附图 53

附图 54

附图 55

附图 56

附图 57　　　　　　　　　　　　　　　　附图 58

附图 59　　　　　　　　　　　　　　　　附图 60

# 参 考 文 献

[1] 张绮曼,郑曙阳 . 室内设计资料集 [M]. 北京：中国建筑工业出版社，1991.

[2] 张书鸿,陈伯超 . 室内设计概论 [M]. 武汉：华中科技大学出版社，2007.

[3] 增田奏 . 住宅设计解剖书 [M]. 海口：南海出版公司，2013.

[4] 孔小丹 . 室内设计项目化教程 [M]. 北京：高等教育出版社，2014.

[5] 康海飞 . 室内设计资料图集 [M]. 北京：中国建筑工业出版社，2009.

[6] 黄春波,黄芳,黄春峰 . 居住空间设计 [M]. 上海：东方出版中心，2012.

[7] 朱淳,邓雁 . 室内设计简史 [M]. 上海：上海人民美术出版社，2005.

[8] 张书鸿 . 室内设计概论 [M]. 武汉：华中科技大学出版社，2007.

[9] 吴相凯 . 家居空间设计 [M]. 延边：延边大学出版社，2015.

[10] 文健 . 建筑与室内设计的风格与流派 [M]. 北京：清华大学出版社，2007.